AI最強企業の型破り経営と
次なる100兆円市場

NVIDIA《エヌビディア》大解剖

島津翔
日経BPシリコンバレー支局記者

日経BP

はじめに

２０２４年6月、米国の半導体メーカーであるエヌビディアの時価総額が初めて世界トップに躍り出た。半導体関連企業で世界一になった企業は歴史上、存在しない。伝説的な集積回路メーカー、米フェアチャイルド・セミコンダクターや、言わずと知れた半導体の雄、米インテルさえたどり着けなかった頂きに、画像処理用チップを祖業とするこの企業が到達すると誰が予想しただろうか。金融市場の期待を背負って株価の値動きは激しいものの、依然としてエヌビディアの時価総額は3兆ドルを超える水準を保っている。

筆者が初めて同社を取材したのは２０１６年。そこから10年足らずで株価は約１６０倍に、売上高は約25倍になった。特に２０２３年以降の伸びは指数関数的だ。もちろん、ＣｈａｔＧＰＴの登場以降に発生した巨大な生成ＡＩ（人工知能）需要を一手に集めているという特殊要因はある。しかし、それを「特需」と単純化していいのだろうか。時代が動こうとするわずかな兆しを逃さず、経営資源を振り向ける迅速な意思決定をし、ぶれずに虎視眈々と準備をしてきた企業だけが、その恩恵を得られるはずだ。では、エヌビディアはどうやってＡＩに焦点を絞ったのか。それを可能にした経営と技術の本質は何なのか。そして、そこから日本企業は何を学ぶべきか。

本書の目的は、世界中の企業で最も注目を集めるエヌビディアという企業体の意思決定の手法や組織、技術、歴史、人材を多角的に取材し、その秘密を解き明かすことにある。

1章はイントロダクションとして、エヌビディアに対して多くの読者が抱えているであろう7つの疑問についてまず要点をまとめた。主力製品である「ＧＰＵ（画像処理半導体）」とは何なのか、ＡＩ企業になった転機はいつか、そして無双とも呼べる状態はいつまで続くのか——。それぞれの回答に、その内容の詳細を記した章を示している。

2章は「経営編」として、ジェンスン・ファン最高経営責任者（ＣＥＯ）がタクトを振る同社の経営について記している。取材して改めて認識したことだが、その経営手法はまさに「型破り」。中期経営計画をつくらず、組織図もない。「トップ5」と呼ぶ従業員の報告や「ＥＩＯＦｓ」と呼ぶ指標などの独自ルールは、いずれも常識からは外れているものの同社になくてはならないものだ。エヌビディアの超フラットで迅速に動く組織について、その詳細を記しているのは本書だけだろう。

3章は「歴史編」。ファン氏の幼少期からの生い立ちを追いかけながら、エヌビディアの創業ストーリーや2度の破綻の危機を取り上げた。特に、ゲームメーカーであるセガがエヌビディアを救済することになったエピソードについて多くの頁を割いている。

4章は「技術編」。他の追随を許さない「GPU」ともう1つの強みであるソフトウエアについて、その技術的優位性を深掘りしている。ややテクニカルな内容のため、同社の技術について詳細を求めない読者は読み飛ばしていただいても構わない。

5章はエヌビディアの「死角」について詳述した。突如として現れて話題をさらった中国のAI開発企業、ディープシークの影響や、AIのフェーズが学習から推論に移りつつあるという環境の変化、原子力発電所を再稼働させるほどの電力需要などについて論じている。

最終章である6章は、エヌビディアが虎視眈々と狙う「次なる100兆円市場」としてロボットや自動運転などの分野を取り上げ、日本企業の勝機や日本の半導体産業の可能性について解説している。

AI最強企業のカラクリをぜひご覧いただきたい。

日経BPシリコンバレー支局記者　島津翔

NVIDIA《エヌビディア》大解剖　目次

CHAPTER 2

経営編

ジェンスン・ファンの型破りマネジメント

CHAPTER 3

歴史編

破綻寸前のエヌビディアを救った日本人

CHAPTER 4

技術編

帯写真：的野弘路
校正：聚珍社

プロローグ
——世界を揺るがすエヌビディア・エフェクト

喧騒の米ニューヨーク・マンハッタン。マディソン・スクエア・パークの緑が、陽光を浴びて揺れる。点在するアートのオブジェが行き交う人々の足をふと止める。地元の人々に愛され続ける憩いの場だ。公園を抜け、歴史を刻むニューヨーク最古の超高層の1つ「フラットアイアンビルディング」を横目に、ブロードウェイを渡る。1ブロック歩いた先、通りの右手にアイリッシュバー「ザ・ストアハウス」の温かな灯りが見えてくる。

木製のドアを開けると、レンガ壁にずらりと並ぶアイリッシュウイスキーのボトルが目に飛び込んでくる。カウンターには無数のビールサーバーが並び、次々と注がれる黄金色の液体がグラスを満たす。店内は活気に満ち、チキン・ウイングやサンドイッチの香ばしい匂いが漂う。天井から吊るされた巨大なスクリーンには、夜が更けるにつれアメリカンフットボールやバスケットボールの熱戦が映し出される。歓声と笑い声が響き、グラスを交わす音が重なる。ここはニューヨークの夜に息づく、典型的な米国のスポーツバーだ。

しかし2024年8月28日だけは、客層と空気がいつもと違っていた。深緑色や黒色のバルーンが揺れる中、「参加者」には緑色のネックレスが配られた。ビールが注がれたジョッキがぶつかる音、ケチャップとマスタードの匂いはいつも通りだが、客の視線の先にあるスクリーンに映し出されていたのは、「決算までのカウントダウン」だった。

午後3時半、いつもの歓声ではなく、静かな緊張感が店を包む。始まったのは試合ではなく、破竹の勢いを続けるNVIDIA（エヌビディア）の決算発表ウオッチパーティーだ。この日、市場が熱く見守る2024年5～7月期（第2四半期）の決算が発表される。企業の業績開示を見るためだけに人々が集まり、ビールを片手に画面を見つめる――こんなウオッチパーティーが開かれるのは、前代未聞だった。

主催した投資家、ローレン・バリク氏がパーティーを企画したのは前日の8月27日。「ミッドタウンのバーを借りて、パーティーをやろうと思う。15人？　20人？　集まれば楽しいものになるかもしれない。コメントかメッセージをください」。SNS（交流サイト）のX（旧ツイッター）にこう投稿すると、興味を示すユーザーが次々に現れた。

パーティーが始まると参加者は徐々に増え、結局50人ほどが集まった。それを聞きつけた米ウォール・ストリート・ジャーナルや米公共ラジオ放送（NPR）は会場にリポーターを派遣した。

爆速成長による主役交代と言っていいだろう。パーティーから2カ月前の2024年6月18日、エヌビディアの時価総額が米マイクロソフトを抜いて世界首位になった。AI（人工知能）革命――エヌビディアのジェンスン・ファン最高経営責任者（CEO）は現在の状況をこう言い表す。2022年11月に登場したChat《チャット》GPTに端を発した生成AIの巨大なうねり。それを支える世界最速のコンピューターに搭載されているのが、同社の主力製品であるGPU（画像処理半導体）だ。ファン氏は、大量の計算を同時にこなすGPUがAI開発に向くことを発見し、全経営資源を投入。AI革命の恩恵を一手に受ける新たなスター企業となった。2023年ごろにはエヌビディア製GPUの需給が逼迫し、企業による「争奪戦」が勃発した。

時価総額の上位は米巨大テック企業である「GAFAM」による君臨が続いてきた。上場銘柄の株価データなどを提供するQUICK・ファクトセットによると2012年にアップルが首位となり、以降はマイクロソフトとアップルが盟主の座を争ってきた。

2000年代にiPhoneをはじめとするスマートフォンが台頭し、GAFAMはネット広告やＥＣ（電子商取引）、ＳＮＳなどで強固なプラットフォームを構築。巨大な市場を支配し続けた。そのＧＡＦＡＭの牙城を、半導体メーカーが崩したのだ。アップルとマイクロソフト以外が終値ベースで時価総額首位となったのは、２０１３年７月の総合エネルギー企業、米エクソンモービル以来、約11年ぶりとなる。

２０２３年来、生成ＡＩへの対応で企業の株価は明暗を分けており、ＡＩが促した首位交代と言える。インターネット以来とも言われるイノベーションが企業の序列に地殻変動を引き起こしている。

スクリーンに映し出された米ＣＮＢＣのカウントダウンが徐々に減ってゼロになると、会場からは「ああ……」というため息まじりの声の後で一斉にブーイングが始まった。売上高は前年同期比２・２倍となる３００億４０００万ドル（約４兆３４００億円）、純利益は同２・７倍の１６５億９９００万ドルで、市場予想を上回ったものの発表直後から株価は続落。一時、同日終値ベースで８％程度下げる結果となった。決算を期待した過熱感が指摘されており、この日は売りが先行した格好だ。

パーティーに参加した30代男性は「今日は残念だったけど、『ＡＩロード』はまだまだ続く。エヌビディアの成長も続くと思っているよ」と話し、決算発表が終わった午後5時過ぎに会場を後にした。

実際、エヌビディアの成長は止まるところを知らず、その急成長は記録ずくめだ。2023年1月期に約270億ドルだった売上高は2025年1月期に1300億ドルを超えた。たった2年で15兆円超増えた計算だ。2年前までは競合である米インテルに売上高で遠く及ばなかったが、1年で追いつき、次の1年で圧倒的な差を付けた。

時価総額3兆ドルまでの軌跡は指数関数的で、2兆ドルから96日。そもそも時価総額が3兆ドルを超えた企業は世界でマイクロソフト、アップル、エヌビディアの3社のみ。2兆ドルから3兆ドルまでの期間はマイクロソフトが945日、アップルが1044日。エヌビディアの成長は桁違いのスピードだ。ChatGPTが公開された2022年11月以後の時価総額の増分は446兆円で、日本企業全体の増分の約2倍にもなる。「4兆ドル(600兆円)への道筋は既に見えている」。米ウェドブッシュ証券で長年テック業界をカバーしてきたダニエル・アイブス氏はこう見る。

驚異的な成長は、市場全体を左右する影響力を持つまでになった。ハイテク株比率の高いナスダック総合株価指数は、エヌビディアの成長で2024年後半に市場最高値を更新した。S&P500の時価総額増分の数割をエヌビディア1社が占め、株式市場全体を1社で押し上げたわけだ。

ウオッチパーティーで何より驚きだったのは、参加者の中にエヌビディア株を「持っていない」人が複数いたことだ。ニューヨーク市内に住む40代男性は空いたグラスを片手に、参加の理由を「エヌビディアの業績によって、自分が持っている銘柄の株価も動くから」と話した。

野村證券の村山誠シニア・ストラテジストは自身のリポートで次のように解説している。「1社の決算がここまで注目され、日米の株式市場全体に影響を及ぼすのは、株式市場を大きく左右する要因がAIであり、半導体で圧倒的な市場シェアを有しているのがエヌビディアだから。同社と直接取引がない企業やセクターであっても、エヌビディアの業績が示唆するAIの普及動向が、それらの企業の業績へのインプリケーション（合意）になると考えられている」。エヌビディアの業績が「AI普及のバロメーター」になっている。

逆にエヌビディアの株価が急落すれば、株式市場全体が落ち込む。

2025年1月27日の米国金融市場は「DeepSeek（ディープシーク）ショック」に震えた。中国のAI開発企業、ディープシークが、低コストで高い性能を持つAIモデルの提供を開始したのがきっかけだ。市場は、AI向け半導体で一強が続くエヌビディア製GPUをはじめとするAI半導体の依存度が下がると見て、半導体関連株が一斉に売られた。半導体銘柄だけでなく、米グーグルの親会社である米アルファベットやマイクロソフトといったAIインフラを提供する企業にもその影響が及んだ。

エヌビディアの顔であるジェンスン・ファン最高経営責任者（CEO）の発言も他社の株価に大きな影響を与えている。2025年1月、世界最大級のテクノロジー見本市「CES」でファン氏が有用な量子コンピューターの普及について「15年後なら早いほうで、30年なら遅い。20年先と言えば多くが納得するだろう」と発言したと伝わると、量子コンピューター銘柄の株価が急落。例えば1月8日の米国市場で、量子コンピューター用半導体を開発する米リゲッティ・コンピューティングの株価が前日比45％安となった。その影響力は日本にも波及し、量子端末の制御などに必要な技術を持つエヌエフホールディングスや、量子コンピューター関連の研究開発を行う日本ラッドなどの株が前日比で20％程度、急反落した。

エヌビディアの業績や動きに、市場が一喜一憂している。2010年代、ECの巨大プラットフォームとなった米アマゾン・ドット・コムの影響が、消費者の購買行動だけでなく物流業界の産業構造、都市のあり方などにまで波及し、「アマゾン・エフェクト」と呼ばれた。定額制のサブスクリプションもアマゾンの成功に他社が追随した側面がある。AI時代にエヌビディアの一挙手一投足が他業界に波及する様は、さながら「エヌビディア・エフェクト」だ。

記録的な爆発成長や市場まで左右する影響力――。時価総額で世界一に上り詰めたこの新星の、技術的な強みはどこにあるのか。CEOのファン氏はAI時代の到来をどう予見し、どうやって機を捉えたのか。その技術と経営の謎を解き明かそう。

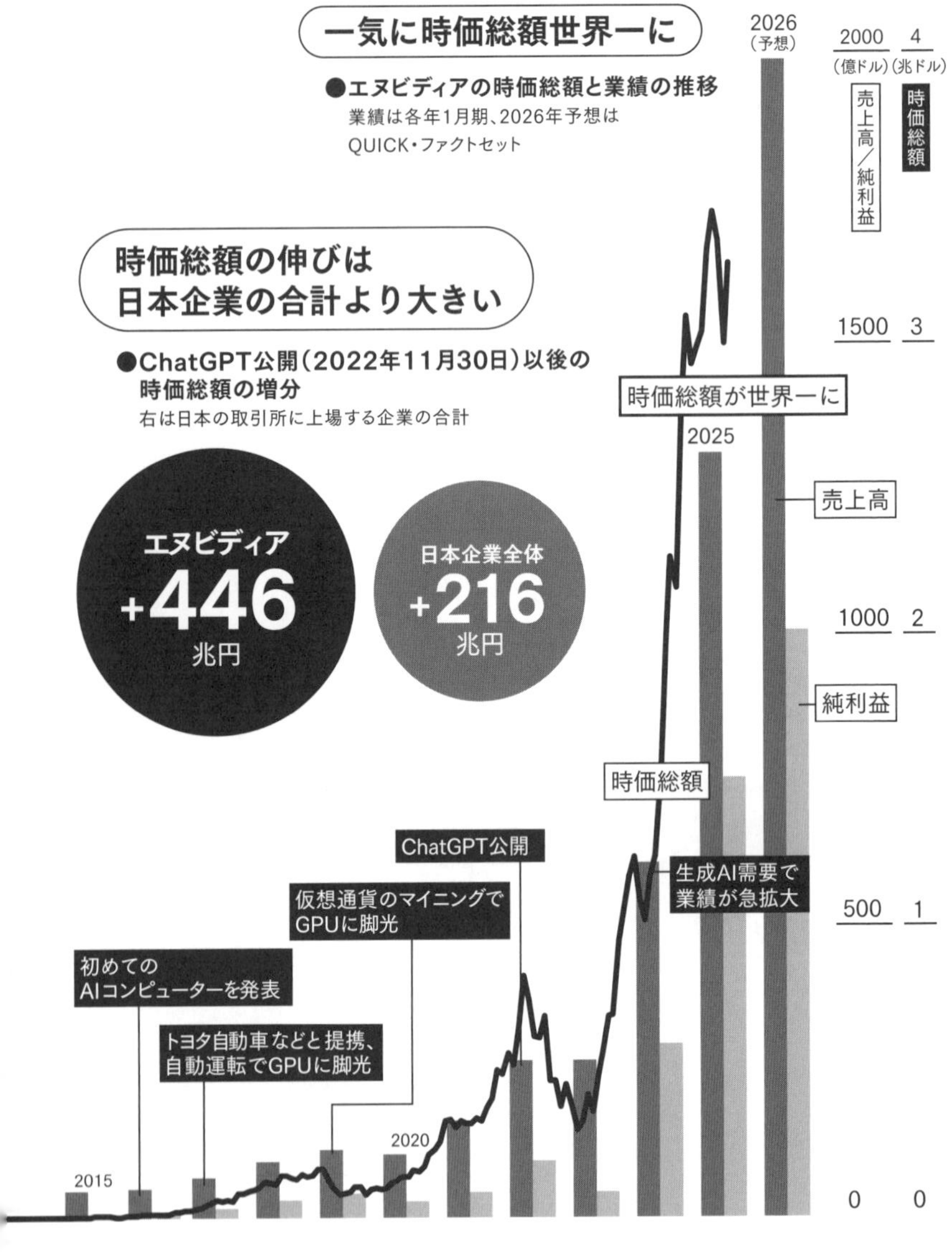
一気に時価総額世界一に
●エヌビディアの時価総額と業績の推移
業績は各年1月期、2026年予想は
QUICK・ファクトセット
時価総額の伸びは
日本企業の合計より大きい
●ChatGPT公開（2022年11月30日）以後の
時価総額の増分
右は日本の取引所に上場する企業の合計
エヌビディア
+446
兆円
日本企業全体
+216
兆円
2026
（予想）
2000 4
（億ドル）（兆ドル）
売上高／純利益
時価総額
1500 3
1000 2
500 1
0 0
時価総額が世界一に
2025
売上高
純利益
時価総額
生成AI需要で
業績が急拡大
ChatGPT公開
仮想通貨のマイニングで
GPUに脚光
初めての
AIコンピューターを発表
トヨタ自動車などと提携、
自動運転でGPUに脚光
2015
2020

桁違いのスピードで成長

●時価総額2兆ドルから3兆ドルまでの日数

売上高でライバル企業を突き放す

●半導体大手の売上高の比較

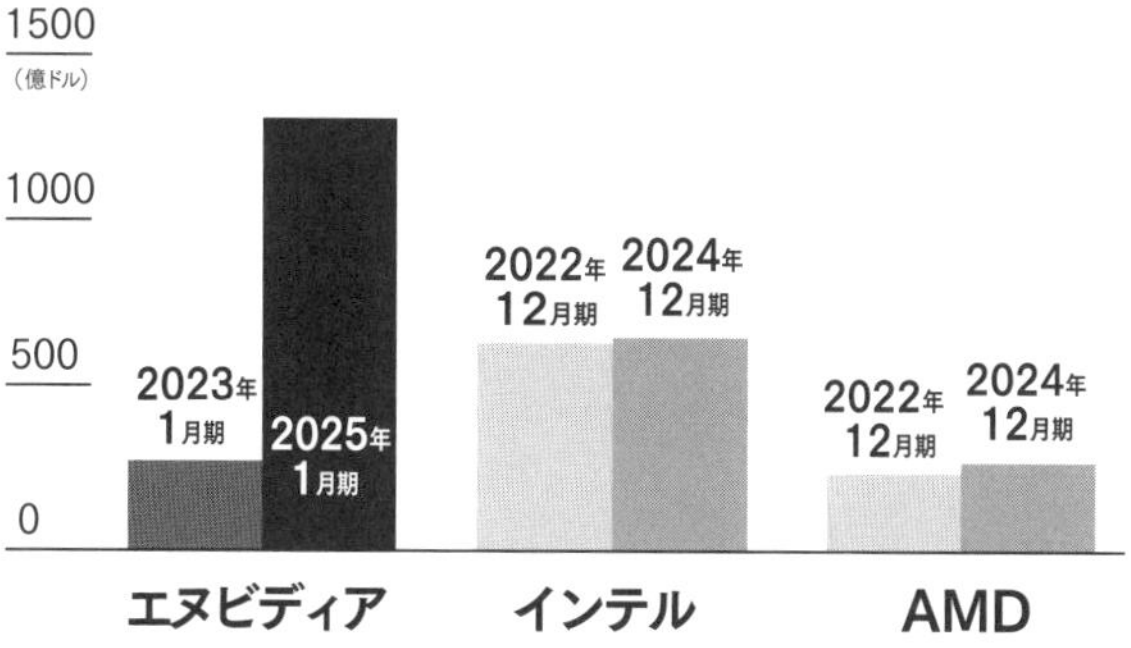

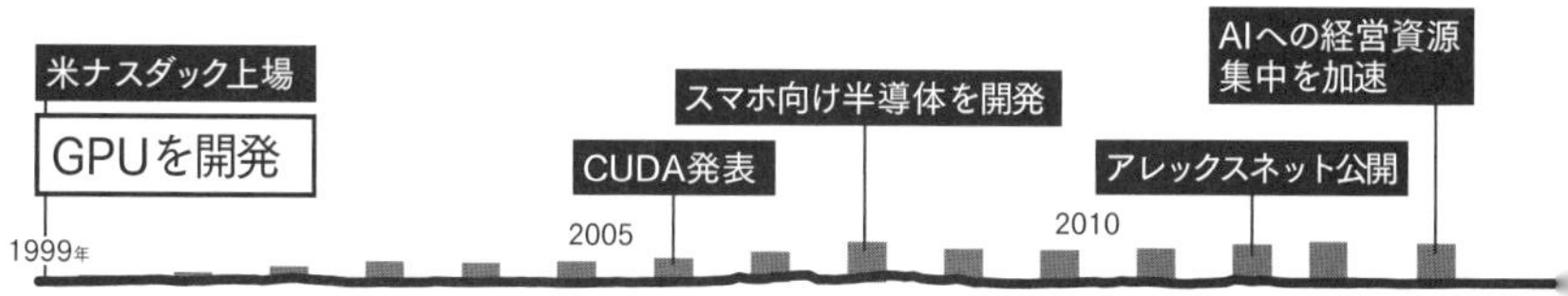

高収益の源泉はデータセンター向けGPU

2024年11月〜2025年1月期の業績

売上高	**393億3100万ドル**（約5兆8600億円）

事業別内訳

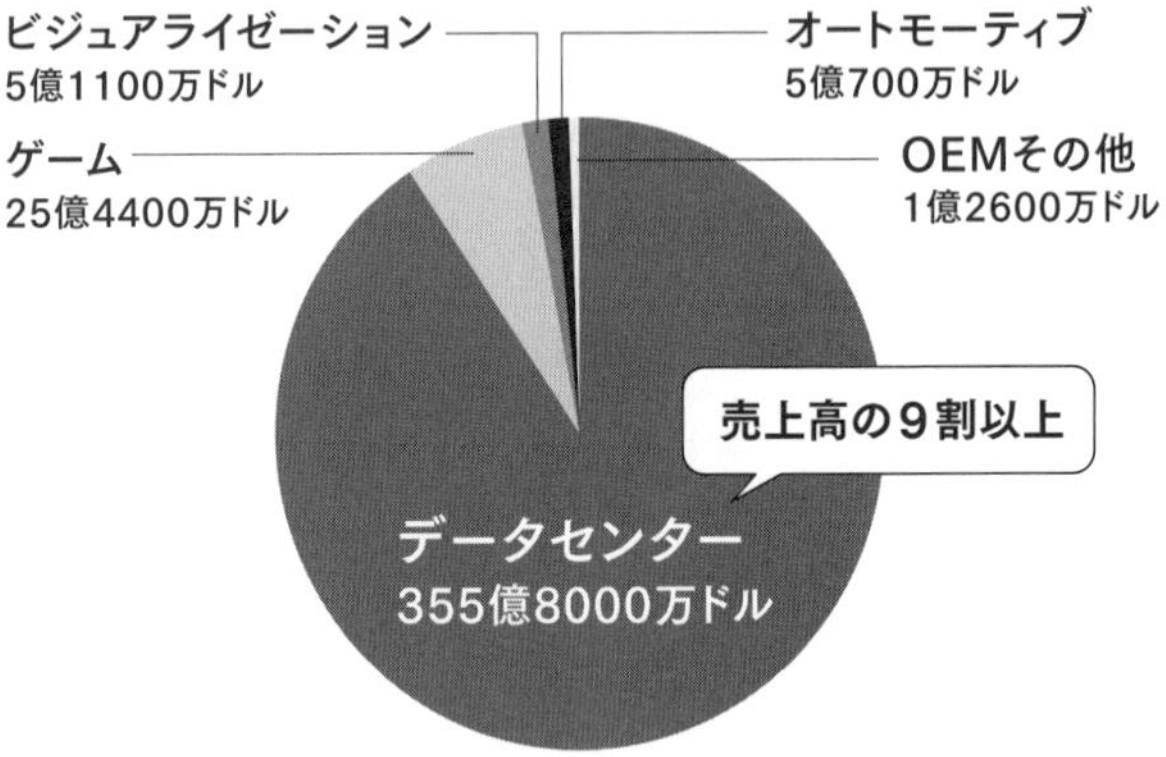

収益構造

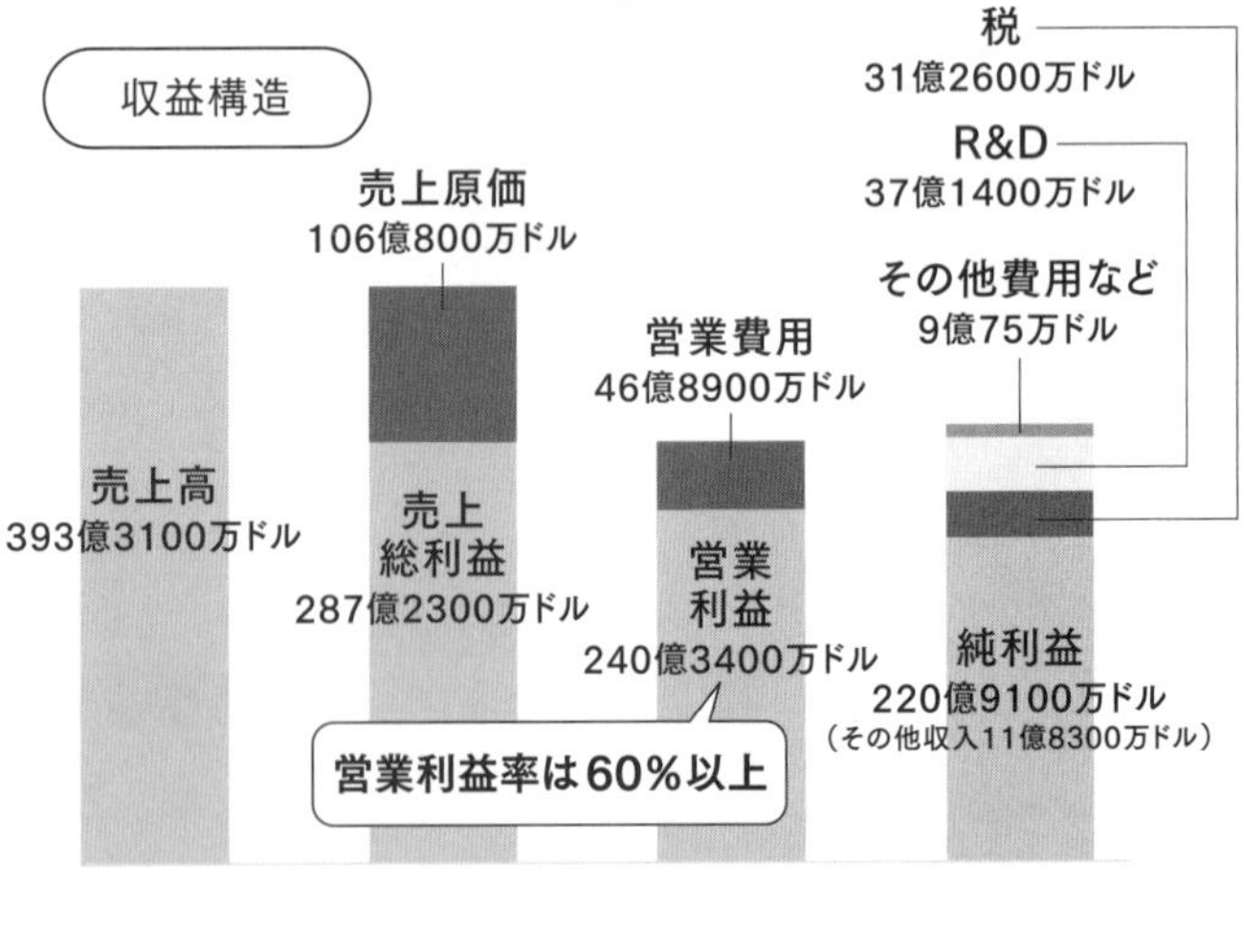

CHAPTER

1

入門編

エヌビディアを知る7つの疑問

2024年に一時、時価総額が世界首位になり、AI（人工知能）最強企業として急成長を続けるエヌビディア。実際にどんなビジネスをしていて、その強さの根源はどこにあるのか。まずは基本的な7つの疑問を通して、同社が世界中から注目を集める理由を明らかにしよう。

疑問①

エヌビディアはどんな企業？なぜ注目されている？

答え

エヌビディアは米カリフォルニア州のシリコンバレーに本社を構える半導体メーカー。注目の理由はずばり「ＡＩ（人工知能）に必要な半導体」を開発しているから。ＣｈａｔＧＰＴ以降、世界中の企業がＡＩを開発・利用するためにエヌビディアの主力製品「ＧＰＵ（画像処理半導体）」を使用している。

さらに解説

2022年11月に登場したＣｈａｔ《チャット》ＧＰＴによって、にわかに注目が高まったＡＩ。そのＡＩを開発するには、大量のデータからパターンや特徴をＡＩが自ら見つけ出すようにトレーニングしなければならない。これを「ＡＩの学習」と呼ぶ。ＡＩの学習では、①トレーニングに使用するデータの量、②学習で最適化する変数（パラメーター）の種類、そして③学習で利用した計算量の3つが多ければ多いほど性能が向上することが分かっている。つまり、大量のデータを使って高速なコンピューターでトレーニングすれば、高性能なAIを開発できる。各社は優れたAIを開発するために、より多くのデータ、より速いコンピューターを使った学習にしのぎを削っている。

エヌビディアはAIに適した超高速な半導体を開発しており、高性能なAIの開発に必要不可欠な計算資源として、世界中のAI関連企業から注文が殺到している。それが、エヌビディアの主力製品である半導体「GPU（画像処理半導体）」だ（詳しくは「疑問②」へ）。英調査会社のオムディアによれば、エヌビディアはAI向けGPUで7割以上のシェアを握っている。

米オープンAIがChatGPTのトレーニングに1万基のGPUを使用するなど、AI半導体の事実上の標準となっている。「AIを開発し続けるために、誰もがGPUを必要としている」。オープンAIのライバルと言われるAI開発企業、AI21ラボ（イスラエル）のオリ・ゴシェンCEO（最高経営責任者）はこう説明する。2023年には生成AIブームでGPUの需給バランスが一気に崩れ、春ごろからGPUの不足感が顕在化。GPU争奪戦が勃発した。一時は、GPUを入手したことがニュースになるほどだった。

GPUの需要は2023年以降、衰えることを知らない。2023年1月期に約269億ドル（約4兆円）だった売上高は、2025年1月期に約1304億ドル（約19兆5600億円）まで急増。たった2年で売上高が15兆円以上増えたことになる。メーカーでありながら工場などの生産設備を持たず、半導体の製造は台湾積体電路製造（TSMC）に委託している。工場を持たない「ファブレス企業」であり、営業利益率が極めて高いこともエヌビディアの特徴だ。

2023年以降、株価もうなぎ上り。2024年6月18日には時価総額が終値ベースで約3兆3340億ドルとなり、米マイクロソフトを抜いて世界首位になった。マイクロソフトと米アップル以外の企業が終値ベースで首位となったのは、2013年7月の米エクソンモービル以外、約11年ぶり。エヌビディアはAI需要を一手に引き受けた、新時代のスターダムに駆け上がった。

疑問②
主力製品の「GPU」とは何？「CPU」との違いは？

答え

GPU（画像処理半導体）は、大量のデータを同時に計算する「並列処理」が得意。一方で、「CPU（中央演算処理装置）」は汎用の計算機で、演算を次々に処理する「逐次処理」が特徴。いずれもコンピューターを支える頭脳だが用途が異なる。大量のデータによるAIのトレーニングにはGPUが向くが、CPUも必要であることに注意が必要。

さらに解説

GPUはゲームなどのグラフィックス処理のために開発された半導体で、「画像処理半導体」と呼ぶのはそのため。1999年にエヌビディアが発売したグラフィック向け半導体「GeForce（ジーフォース）256」が世界初のGPUとされる。そもそも「GPU」という製品カテゴリーもエヌビディアがジーフォース256の発売に合わせて考案したものだ。

高精細なグラフィックとは、超高速なパラパラ漫画のようなものだ。1秒に何十枚もの絵を描くために、GPUではその絵を数十のブロックに分けて同時に計算している。この処理を並列処理と呼ぶ。AIの分析の仕組みの1つである機械学習も、この並列処理が向いていることが判明し、GPUは2010年代後半からAI向け半導体としての性格も持ち始めた。

一方でCPUは中央演算処理装置の略語で、コンピューターの司令塔と言える重要な装置。GPUとは違って、1つひとつのタスクを順序立てて処理する逐次処理が得意。GPUが画像処理やAI処理など一部の処理に適しているのに対し、CPUはあらゆる種類のタスクを処理して、コンピューター全体を制御している。

GPUとCPUについて、米アマゾン・ドット・コム傘下のアマゾン・ウェブ・サービス（AWS）は、その違いをレストランの従業員に例える。規模の大きなレストランで、何百個のハンバーグをひっくり返す必要があるとしよう。CPUは腕の立つ料理長だが、数百個のハンバーグを同時に返すことはできない。できたとしても、その間に他の調理ができず、レストランの業務全体に影響を及ぼしてしまう。そこで料理長は、複数のハンバーグを同時にひっくり返すことのできるアシスタントを起用する。これがＧＰＵだ。アシスタントを10人雇い、それぞれが10個のハンバーグをほぼ同時にひっくり返せば、瞬時に１００個のハンバーグが完成する。料理長は指示を出した後、ステーキやサンドイッチといった他のメニューの調理や他のアシスタントへの指示に時間を使うことができる。

この例えのように、ＧＰＵはＣＰＵの指示に従って、特定のタスクを担う半導体であるとも言える。ＣＰＵから特定のタスクの負荷を減らし、処理を高速化する半導体を「アクセラレーターチップ」と呼ぶ。ＧＰＵはＡＩアクセラレーターチップの一種でもある。ＧＰＵの技術的優位性については4章で解説する。

疑問③

AI半導体メーカーになった転機は？

答え

2012年にカナダのトロント大学の研究者がGPUを使って高性能なAIを開発したのがきっかけの1つ。GPUがAIに適していることが開発者に広まった。エヌビディアのジェンスン・ファンCEOはこれを勝機と見て経営資源を一気にAIに振り向け、GPUをグラフィックス向けではなくAI向けに作り替えた。

さらに解説

画像認識の世界的なコンテストで2012年、トロント大学のチームが開発した画像認識AI「アレックスネット」が、前年の記録を大幅に更新する大差で優勝した。これは、のちに「深層学習（ディープラーニング）のビッグバン」と呼ばれる大きなターニングポイントだった。チームの代表者は2024年にノーベル物理学賞を受賞したジェフリー・

ヒントン教授だ。ＡＩの伝説的な研究者として知られる。

アレックスネットは、ディープラーニングを利用した学習の手法だけでなく、その学習にＧＰＵを利用したことも注目を集めた。グラフィックス向けの半導体をＡＩの学習に使うというトリッキーな手法だったからだ。ＧＰＵを勧めたのは、チームの一員であり後に米オープンＡＩを共同創業するイリヤ・サツキバー氏だった。

エヌビディアのジェンスン・ファンＣＥＯは、アレックスネットの結果や、「ＡＩとＧＰＵの相性のよさ」についての社内報告などを分析し、２０１３年に「グラフィックスの会社」から「ＡＩの会社」になることを決意する。２０１４年のエヌビディアの開発者向け年次イベント「ＧＴＣ」では、前年までと打って変わってディープラーニングに関する発表が増えた。エヌビディアの「ピボット（事業転換）」が明らかになった瞬間だった。

エヌビディアはどうやってＡＩ企業に変身したのか、なぜＡＩの爆発的な需要を予測できたのか。その仕掛けと舞台裏については2章で詳しく紹介している。

疑問④

メーカーなのに工場を持っていないのはなぜ？

答え

生産設備を持たない半導体メーカーを指す「ファブレス」は1980年代の米シリコンバレーで誕生したモデル。生産設備を自社で保有すると、常に最先端の製造設備に更新する必要があり固定費がかさむ。エヌビディアは戦略的にファブレスを選択し、営業利益率60％以上の超高収益体質を築いた。

さらに解説

エヌビディアが採用した「ファブレス」は「ファブリケーション＝生産ライン」を「レス＝持たない」ことを意味し、半導体の開発と設計に特化した企業を指す。１９８０年代のシリコンバレーで、物価高の米国において生産設備を構えることが難しく、日本の半導体メーカーなどに生産を委託したことがその起源とされる。１９８５年には後にスマートフォン向け半導体で世界を席巻する米クアルコムが誕生、1987年には、ファブレス企業からの委託を一手に引き受ける世界最大の受託製造企業（ファウンドリー）、台湾積体電路製造（TSMC）が生まれている。

1990年代に入ると、パソコンに搭載されるSoC（システムに必要な多くの機能を1つのチップに集積したもの）に多品種少量生産が求められるようになり、自社で生産設備に投資し続けることが困難になった。

半導体における開発と製造は、雑誌や書籍に例えると分かりやすい。雑誌の場合は出版社が記事の作成を担当し、そのデータを印刷会社に送って、印刷会社が持つ巨大なプリンターが決められた量を印刷する。印刷会社は多くの企業からそれぞれ委託された雑誌を印刷するのが仕事だ。「面白い雑誌を作ること」と「雑誌を印刷すること」に技術的な関連性はあまりない。1980年代の後半には、同じことが半導体の世界でも言えるようになってきた。性能の優れた半導体を企画するのと、その半導体を実際に生産することに関連がなくなってきたのだ。半導体には、コンピューターの計算を行うロジック半導体や、データの記録を担うメモリー半導体、電圧などを制御するパワー半導体など複数の種類があるが、特にロジック半導体でこの傾向が顕著だった。

こうした需要サイドと供給サイドの両方の潮流が、ファブレスを半導体の主流に押し上げていった。今ではエヌビディアに加えて、クアルコムや米ブロードコム、米アドバンスト・マイクロ・デバイセズ（ＡＭＤ、２０１２年に工場部門を分離）など、注目企業の多くがファブレス企業だ。ちなみに、１９８０年代に興隆をきわめた日本の半導体産業が１９９０年代以降、急激にその存在感をなくしていく理由の１つが、この水平分業の動きに乗り遅れたからだという指摘もある。

疑問⑤

独走状態なのに規制当局から調査されないの？

答え

中国では規制当局がエヌビディアを独占禁止法違反の疑いで調査している。米国・欧州でも調査開始の報道がある。ただしいずれも調査の段階で、規制当局による訴訟には発展していない。

さらに解説

日本の独占禁止法のように市場での公正で自由な競争を目指す競争法の執行は、各国の競争当局が担当している。エヌビディアに対して強硬な態度を取っているのは中国だ。2024年12月には中国政府の国家市場監督管理総局が独禁法違反の疑いでエヌビディアの調査を始めたと発表。2020年にエヌビディアがイスラエルのメラノックス・テクノロジーズを買収したことを問題視している。当時、中国の当局は買収を条件付きで承認したが、その条件に違反した疑いがあるとしている。

一方で、この調査は米国が中国に対する半導体の輸出規制を強化したことに対する対抗措置との見方もある。エヌビディアは「当社は性能や顧客の価値といった実力で勝利をおさめている」とコメントしている。

中国だけでなく、欧米でも調査の報道がある。2024年9月、米ブルームバーグ通信がエヌビディアが反トラスト法（独禁法）に違反した証拠を求めるため、米司法省がエヌビディアを含む複数企業に文書提出命令状を送付したと報じた。司法省は民事調査請求と呼ばれる通知書を調査対象に送付する権利がある。一方でエヌビディアはこの報道に対して、文書提出命令は受けていないと反論している。2024年12月、英ロイター通信は欧州連合（EU）もエヌビディアを独禁法違反の疑いで調査中だと報じた。

もし欧米での調査が進んでいたとしても、中国も含め規制当局の動きは「調査中」にとどまる。米国では規制当局が「GAFAM」と呼ばれる巨大テック企業全社と訴訟を抱えているが、これまでのところエヌビディアが提訴された事実はない。

独禁法関連では、英半導体設計企業のアームの買収を断念した過去もある。2020年9月、エヌビディアはソフトバンクグループ（SBG）などからアームを買収すると発表。

最大400億ドルの巨額買収となるはずだった。しかし、その後の各国規制当局の条件をクリアできず、エヌビディアとSBGは2022年2月、買収を断念すると発表した。その後、アームは2023年9月、米ナスダック市場に再上場している。

疑問⑥

なぜ他社は追いつけない？競合の動きは？

答え

理由は大きく2つある。1つはハードウエア。蜜月関係が続くTSMCの最先端技術を活用したGPUの性能が競合製品を上回っていること。もう1つはプラットフォームで、ソフトウエア開発環境「CUDA（クーダ）」が開発者の標準となっている点にある。CUDAはエヌビディアのGPUを動かすために設計されており、他社のAI半導体には適用できない。エヌビディアはハードとソフトの両面で牙城を築いている。

さらに解説

半導体の歴史は、回路の微細化の歴史である。一般的に回路を細かくするほど半導体の性能は向上する。一方で、微細化するほど開発費用や生産施設の設備投資は増加する。微細化の競争から1社、また1社と半導体メーカーが脱落。2000年代前半には130ナノメートルのチップを世界で25社程度が製造できたが、現在10ナノメートル以下を製造できるのはＴＳＭＣ、韓国のサムスン電子、米インテル、中国のＳＭＩＣの4社だけに限られるとされる。

エヌビディアの強みの1つは、半導体受託製造で世界首位のＴＳＭＣとの蜜月関係にある。前述の通り、微細化がより進んだプロセスが半導体の性能を決める。自社で生産設備を持たないエヌビディアのようなファブレス企業にとって、ファウンドリーとの信頼関係は何より重要になる。ファブレス企業はＴＳＭＣに頼めば自動的に製品が出来上がるわけではない。ＴＳＭＣのエンジニアとチームを形成し、半導体を実質的に共同開発する。設計時点でも製造者目線でＴＳＭＣのフィードバックを受ける。逆にファブレス側も設計者目線で製造技術にアドバイスする。1998年に協業を始めて以降、時間をかけてＴＳＭＣと信頼関係を築き、エヌビディアは毎回、最先端プロセスを利用したＧＰＵをリリースしている。例えば2023年に発表したＧＰＵ「Ｈ100」は4ナノ、2024年の「Ｂ200」は3ナノを利用している。いずれもその時点の最先端プロセスだ。この信頼関係によって、エヌビディアはハードウエアで他社の追随を許していない。

もう1つはソフトウエアだ。2006年にソフトウエア開発環境「クーダ」を発表。機械学習などのプログラミングに便利なツールなどを多数揃えることで、ソフト開発で必須の環境になっている。クーダを使って動かせるのはエヌビディア製のＧＰＵだけ。逆に、エヌビディアのＧＰＵを動かすにはクーダが必要という強固なプラットフォームを築いた。このソフトとハードの両輪によって、ＡＩ半導体メーカーとして無双状態が続いている。競合企業である米インテルや米ＡＭＤ、半導体スタートアップなどの動きは5章で詳しく解説する。

疑問⑦

無双状態はいつまで続く?

答え

少なくとも数年はAI用半導体でエヌビディアの競争優位が続く可能性が高い。データセンターでのAIの学習ニーズはしばらく縮小せず、対抗馬がほぼいない状態が続きそうだ。しかし、中国のDeepSeek(ディープシーク)が突如、登場して話題をさらったように、AIは進歩のスピードが著しく速い。今後も予想しなかった技術が現れる可能性は残る。

さらに解説

専門家の中では、すぐにエヌビディアの優位性が失われることはないという意見が多い。例えばコンサルティング会社、グロスバーグ代表で半導体アナリストの大山聡氏は、2024年夏ごろまで「エヌビディアの覇権はもって2～3年」と予想していたが、その持論を修正。「当面続く」と見る。

AIの世界では「2つの移行」が進んでいる。1つは「学習」から「推論」への移行。もう1つは「データセンター」から「エッジ」への移行だ。エッジとはスマートフォンやロボットなどの端末を意味する。この移行がどの程度進むのか。エヌビディアの将来を見通すために、この観点は欠かせない。

これまで見てきた通り、学習とはAIのトレーニングを指す。高性能なAIを開発するために、米グーグルや米オープンAIなどがトレーニング合戦を続けてきた。学習には大量のGPUが必要だ。一方、今後は学習済みのAIが質問に答えたり何かを生成したりといった「推論」の割合が大きくなる。AIが普及フェーズに入るということは、AIの推論が増えるということと同義だ。

それと並行して、「処理を行う場所」も変化する。学習には大量のGPUや高性能なCPUなどを搭載したデータセンターが最適だった。米アマゾン・ウェブ・サービス（AWS）や米マイクロソフトなどの大手クラウド事業者は、主に学習のニーズを見込んで自社のデータセンターに大量のGPUを搭載してきた。

一方で、推論の場所がデータセンターになるとは限らない。データセンターで推論して端末にその回答を送る方法には、レイテンシー（遅延）が発生する。例えば自動運転車やロボットなど、瞬時に答えがほしいケースでは、データセンターではなくエッジに搭載した半導体での推論が適している。

エヌビディアのGPUは推論も可能だが、多くのユーザーは学習性能の高さを評価しており、主な用途はデータセンター向けだ。つまり、移行が進めば進むほどエヌビディアにとって不利になる。ただ、大山氏は推論の需要が大きくなった後も「学習の用途はなくならず、データセンター向けビジネスは堅調に推移するはずだ」と見る。

中国のディープシークのような新しい技術が、AIのパラダイムを大きく変える可能性があることも考慮する必要がある。ディープシークの最新AIモデルは、エヌビディアの比較的性能が低い種類のGPUで学習したとされており、高性能半導体の需要そのものに疑問を投げかけている。ディープシークについては5章で詳細に解説する。

CHAPTER

2

経営編

ジェンスン・ファンの型破りマネジメント

ジェンスン・ファン氏の型破りな経営手法が、エヌビディアの強さの源泉だ。中期経営計画や組織図をつくらず、幹部と1対1の会議は決してしない。AI需要拡大の兆候をいち早く察知したファン流経営の全貌を明らかにする。

革ジャンを着たスター

2時間前から長い行列ができた会場は超満員。時の人が壇上に姿を見せた瞬間、一斉にフラッシュがたかれシャッター音が鳴り響いた。なじみの黒い革ジャンに身を包んだエヌビディアのジェンスン・ファン最高経営責任者（CEO）が2024年11月、6年ぶりに日本で大型イベントに登壇した。同社は2024年に「AIサミット」と題したイベントを3回開いた。その地として選んだのが、米ワシントンDC、インドのバンガロール、そして東京だった。

「今、私たちはAI（人工知能）革命の始まりにいる」。決まり文句で口火を切ったファン氏は、AI向け半導体で市場を席巻するGPU（画像処理半導体）の驚異的な性能と、AIの未来について冗舌に語った。

早口でまくし立てる強い個性とテクノロジーへの深い造詣。創業者であり、30年にわたってCEOを務めてきたファン氏は、社員の誰もが「絶対的な存在」と認めるカリスマ経営者である。ファン氏の存在無くしてエヌビディアという企業は語れない。

エヌビディアを率いるジェンスン・ファン最高経営責任者。東京で2024年11月、6年ぶりに大型イベントに登壇した（写真：的野弘路）

「ジェンスンは我々全員を導く〝星明かり〟だ」。同社でロボットなどを担当するディープゥ・タッラ副社長はそのリーダー性を強調する。強烈なリーダーシップと独裁は紙一重だが、米求人情報大手のグラスドアの調査では、社員によるＣＥＯの承認率は98％（平均は72％）で、「圧倒的に高い数字」（同社）だ。

１９９３年に創業したエヌビディアの祖業は3次元グラフィックス用の半導体で、当時の主な用途はゲーム。創業時から異色のビジネスを展開していた。１つは、半導体開発における水平分業モデルの採用だ。

半導体開発における大家であるカリフォルニア工科大学教授（現在は名誉教授）のカーバー・ミード氏が半導体の設計と製造の分離を提唱したのは１９７９年。１９８０年代に入ってその萌芽が生まれ始める。本格的な登場は１９９０年代だ。１９９１年にはファブレス半導体企業の米ブロードコムが創業している。

とはいえ１９９０年代の半導体の主流は、米インテルのように設計と製造の両方を手がける垂直統合型だ。これはＩＤＭ（Integrated Device Manufacturer）と呼ばれる。製造だけを手がける半導体メーカーである専業のファウンドリーはまだなく、ファブレス企業はＩＤＭに生産を委託していた。ＩＤＭは本業の製品を生産し、空いたキャパシティーでファブレスからの受託分を生産していた。台湾積体電路製造（ＴＳＭＣ）の創業は１９８７年だが、90年代に入ってもＩＤＭからの生産受託を主とするビジネスを展開していた。

この状況で、エヌビディアはファブレスを選んだ。ファン氏はＴＳＭＣ創業者のモリス・チャン氏に直接連絡を取り、１９９８年にＴＳＭＣと提携した。これが、メーカーでありながら営業利益率が60％を超える超高収益体質につながっている。エヌビディアにブロードコム、クアルコム、メディアテック――。今や半導体企業の時価総額上位の多くはファ

半導体の製造は水平分業型

開発者目線では垂直統合型

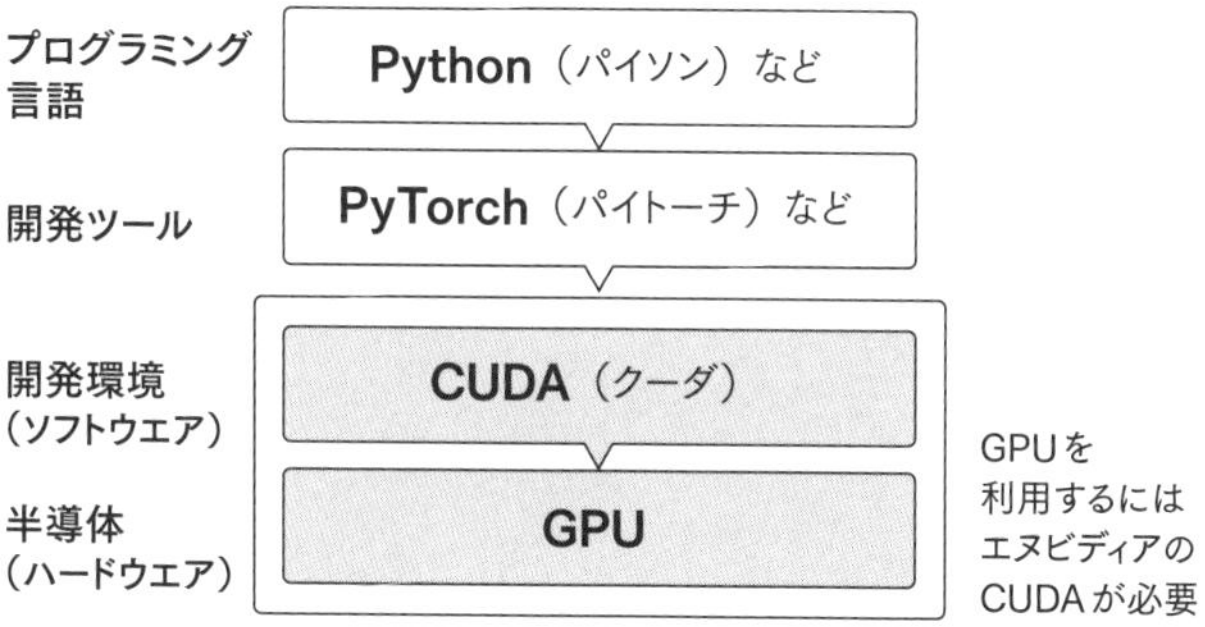

ブレス企業が占める。

製造は水平分業とする一方で、顧客との接点は垂直統合した点もユニークだ。2006年、GPUの計算速度を最大化させるソフトウエア開発環境「CUDA（クーダ）」を発表。GPUの能力を最も発揮できる環境を自ら用意した（詳細は4章）。

開発者や研究者はGPUをより高速で動かすために、一斉にCUDAを利用し始めた。半導体というハードウエアだけでなく、ソフトウエアでも覇権を握る布石を打ったわけだ。

学生時代からCUDAを利用してプログラムを作成したエンジニアは、企業に入ってからも慣れ親しんだCUDAを使いたがる傾向がある。ただし、CUDAはGPUに特化した開発環境で、エヌビディア製GPU以外の半導体を動かすことはできない。

これが、ハードウエアの参入障壁を高めることにつながった。エヌビディア製GPUに匹敵する性能を持つ半導体を開発したとしても、CUDAで動かせないので開発者は敬遠する可能性が高いからだ。CUDAについては後続の章で詳述するが、エヌビディアの強みの源泉の1つである。

ハード＝GPUとソフト＝CUDAの双方で高い壁を築き、市場での評価を盤石なものにしたわけだ。

マイクロソフトとインテルが1社に

企業や消費者に対して「共通の基盤」を提供して市場を席巻する「プラットフォーマー」。米マイクロソフトや米グーグル、米アマゾン・ドット・コムといった巨大IT企業が、ソフトウエア領域で実権を握り、大きな成功を収めてきた。

プラットフォームビジネスには、「ネットワーク効果」と呼ぶ大きなメリットがある。製品やサービスの価値がその利用者の数に比例して増加する現象を指す。アマゾン・ドット・コムの通販事業を考えてみよう。アマゾンが使い勝手のよい通販サービスを提供すればユーザーが集まる。ユーザーが集まると、出店する売り手も集まる。結果、商品のセレクションが充実し、ユーザーはさらにアマゾンで買い物をするようになる。規模が拡大するとサービスの付加価値が高まるというループが生まれる。プラットフォームを握ることは、現代ビジネス戦略における王道の1つと位置付けられる。

一方でハードウエアは、生産する規模が大きくなればなるほど「規模の経済」が働く。ロットが大きくなれば生産コストが相対的に下がり、商品の競争力が上がる。

「エヌビディアはソフトとハードの両面で市場を支配している。これは非常にまれな現象だ」。プラットフォーム論の世界的第一人者である米マサチューセッツ工科大学経営大学院のマイケル・クスマノ教授はこう分析する。

例えばパソコン市場では、基本ソフト（OS）「ウィンドウズ」を提供するマイクロソフトと、パソコン向けCPU（中央演算処理装置）を手がける米インテルが、1990年代から「ウィンテル」の蜜月時代を築いた。インテルや米アドバンスト・マイクロ・デバイセズ（AMD）などが半導体設計の基礎技術として採用している「x86」が事実上の標準となっており、OSというソフトを提供するマイクロソフト、半導体というハードを提供するインテルが協力し合うことで、長らくPC市場を支配してきた。

「今のエヌビディアは、その2社のピーク時の力を1社に結集したような存在だ。ハードとソフトを支配するという非常に稀な現象が起こっている」。クスマノ教授はこう言い、その原因はハードとソフトの関係にあると分析する。

「エヌビディアはハードとソフトの両方に多額の投資を行い、ソフト（CUDA）を無料で提供している。ただし、ソフトはユーザーをエヌビディアのハード（GPU）に閉じ込める役割を担っている。これはプラットフォーマーのビジネスモデルだ。CUDAを利用するユーザーが増えれば増えるほど、GPUの価値が高まる。ここに強力なネットワーク効果が存在する」

世界最強を実現した経営の「3つの秘密」

半導体の製造でいち早く水平分業を採用し、ソフトとハードの相乗効果を生み出す。そして今、AI需要を一手に引き受ける世界最大の半導体メーカーとなったエヌビディア。ファンCEOはこうした岐路に対しどう意思決定をし、どう会社を動かしたのか。

筆者はそこに「3つの秘密」があると分析している。1つ目は、社内の情報の流通性を高める独自の仕組み。2つ目は、得た情報から市場の微《かす》かな兆しを掴む手法。3つ目は、その兆しを信じて一気に経営資源を投入する決断力だ。

順に解説していこう。1つ目に挙げた情報の流通性は、組織構造が鍵になる。最大の特徴は、CEO直下の幹部の人数にある。「私の直下には60人の幹部がいる」。2024年11月に東京都内で日本メディアの合同取材に応じたファン氏は筆者の質問にこう答えた。

この数は、マネジメント論の定石から大きく逸脱している。経営学には「スパン・オブ・コントロール」という考え方がある。日本語では「管理限界」と訳され、マネジャー1人が直接管理できる部下の人数や業務の範囲を示す。部下への権限委譲などでこのスパンを広げることは可能だが、一般に1人の上司が管理できる人数は5～7人と言われる。

「社内の全てのチームは、2枚のピザを食べるのにピッタリな人数でなければならない」。アマゾン創業者のジェフ・ベゾス氏が設定した「ピザ2枚ルール」は、今でもアマゾンのマネジメントスタイルの根幹をなし、多くの経営者が参照する経営の定石となっている。ピザ2枚とは8人程度を指し、アマゾンは「10人未満のチームが理想的だ」としている。米調査会社ギャラップの米国企業を対象とした調査でも、10人未満と10人以上のチームでは、組織に対するエンゲージメント（関係性）に大きな差が出ることが分かっている。

マネジメント論の定石でも、企業の最高幹部は最大でも10人までとされる。「60人は聞いたこともない数字だ。エヌビディアの組織を表す最もユニークな部分だろう」。企業の人事制度に詳しい京都大学経営管理大学院特命教授の鵜澤慎一郎氏はこう指摘する。

なぜ60人もの幹部が必要なのか。ファン氏は「情報の価値を失わないために、組織をフラットにする必要があるからだ」と説明する。

ピラミッド型の組織構造では、幹部の下に5～10人程度の本部長クラス、その下にそれぞれ部長クラスなどと続き、数万人の企業だと10～11層の階層を持つことも珍しくない。一方で、ピラミッドの上層に位置する最高幹部の数を多くすればするほど、そのピラミッ

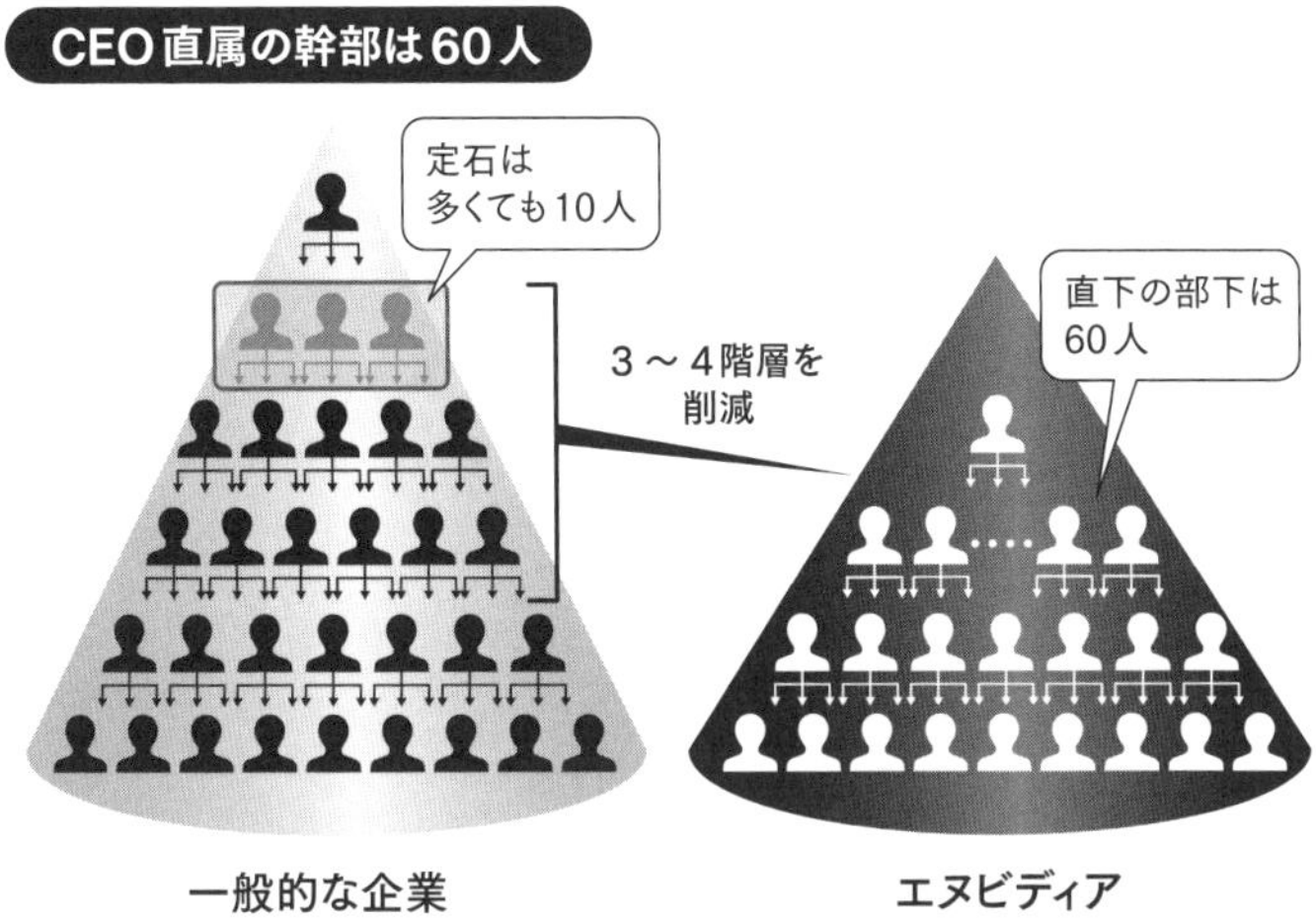

ドは低くなる。エヌビディアは同規模の企業と比較して「階層を3～4層削減している」(ファン氏)という。伝言ゲームが少なくなればコミュニケーションコストは下がり、何より情報が流通するスピードも上がる。

一方で、経営学がスパン・オブ・コントロールとして部下の数を5～7人と規定しているのは当然、理由がある。例えば意思疎通の方法を考えてみよう。部下が5人で、週に2度、1時間ずつのミーティングをするとして、上司は平日1日で2時間分拘束されてしまう。それが60人だったらどうか。単純計算で週に120時間分が必要になり、物理的に不可能な計算になる。マネジャーの仕事量1つをとっても全く現実的ではない。

では、ファン氏は60人とどうやってコミュニケーションを取っているのか。そこには情報の流動性を高めるもう1つのルールがある。「1対1のミーティングをしないこと」だ。ファン氏はこう考える。1人の幹部だけが知っておくべき情報などないし、CEOからのフィードバックは他の幹部も同様に聞くべきだ。「私がほとんどの時間を費やしているのは、考えることとその考えを口に出して表現すること。そして、それをみんなに聞いてもらうことだ」。つまり、コミュニケーションは必ず「1対多」で行われる。

例外はない。「15年ほどジェンスンと仕事をしているが、彼と1対1でミーティングしたことは一度もない」。スタートアップなど外部企業とのパートナーシップを担当しているグレッグ・エステス副社長はこう言う。

ファン氏は2023年5月、ストックホルムに本社を置くAIスタートアップのサナが開いたイベントに登壇し、1対1のミーティングを禁止した背景について詳細に語っている。

「私は大きな会社ではなく小さな会社を望んでいます。仕事をこなすために規模は必要ですが、できるだけ小さくあるべきです。そして組織の形は、指揮系統の命令に従うだけならばピラミッド型にすればいい。しかし、人々に権限を与えたいならフラットにすべきです。そうすれば、情報が早く伝達される」

「フラットにするためには、最上層をよく考えなければならない。彼らは最も上級の社員であり、管理など必要ない。エヌビディアの経営陣は誰もキャリアのアドバイスなど求めていません。彼らはキャリアコーチングの必要がない、その分野のエキスパートであり、自分が何をすべきか知っています。1対1の面談など必要ないのです」

「戦略的な方向性を伝える場合、なぜ1人だけに伝えるのでしょう。全員に伝えるべきです。戦略を練り、将来への道筋をどう定めるか議論した後、私はそれを全員に同時に送ります。そして全員からフィードバックももらって、それを洗練させていくのです」

1対1のミーティングが禁止されているのはファン氏と幹部の間のみ。ミドルマネジメントは各幹部に委ねられている。例えばエステス副社長は、ファン氏と同じく部下との1対1のミーティングを禁止している。「ジェンスンがこの手法を試して、実際にうまくいっている。それなら真似をしない手はないでしょう」。エステス副社長はこう言う。

エヌビディア日本代表兼本社副社長の大崎真孝氏は「強烈なリーダーシップを持つジェンスンのスタイルを誰もができるわけではない」とし、部下との1対1のミーティングは認めている。「ただ、彼と同じであろうと心掛けているのは、常に現場の近くにいようとする点です」と自分のマネジメント手法を語る。大崎氏は建設中のデータセンターを自ら視察し、営業にも顔を出す。

シリコンバレーで「創業者モード」再評価のワケ

米国でマーケティングを担当する社員は、ある日突然、ファン氏から直接メールの返信が届いて驚いた。進めていた大型イベントに関するキャンペーン施策について、「もっと具体的に教えてほしい」という1行の短いメールだったという。常に現場を見ることはファン氏の流儀の1つだ。

創業から30年以上が経ち、社員が3万人を超えた今も、ファン氏は現場に直接指示を下すスタートアップ経営者なのだ。ただ、数年前にエヌビディアを退職したエンジニアは「悪く言えば、現場の箸の上げ下げにまで口を挟んでくるマイクロマネジメントだ」と苦言を呈する。時価総額が世界一になってなお、現場に直接意見する経営者は、確かにこれまでのマネジメント論からすれば異端である。

「創業者モード」か「マネジャーモード」か――。米シリコンバレーで2024年秋に、こんな議論が巻き起こった。きっかけは米エアビーアンドビーの創業者CEO、ブライアン・チェスキー氏の発言だ。米ベンチャーキャピタルが開いた投資家向けイベントに登壇し、「従来の常識は間違っている」と喝破した。

創業者モードとは、まだ社員も少ない段階で、創業者自らプレーヤーの1人として何でもこなす様を指す。スタートアップの常識は、ある程度の成長が視野に入ったら、創業者は権限を幹部に委譲して経営に特化するマネジャーモードに移行すべきだという考え方が根強かった。それをチェスキー氏は「従来の常識」と呼んだ。「いつまで創業者モードなのか」という質問は、その起業家をやゆするものだったわけだ。

チェスキー氏は同社が成長するにつれてマネジャーモードに移行すべきだとの助言を受け従ったが「結果は散々たるものだった」とし、創業者モードを再評価した。自ら現場を指示する方法は「今のところうまくいっている」と説明する。

この講演に対して著名ベンチャーキャピタルの米Yコンビネーターの投資家、ポール・グレアム氏が反応し、長文のブログを公開した。「講演を聞いた中には我々が出資し、成功した起業家が多く含まれていて、『自分たちにも同じことが起こった』と語っていた」とグレアム氏は指摘し、「なぜ皆、間違ったことを言ったのだろうか。私にとってそれが大きな謎だった。少し考えて分かった。彼らが言っていたのは、自分が創業していない会社を経営する方法、つまり単にプロ経営者として会社を経営する方法だったのだ」と綴った。「創業者にはマネジャーにはできないことがある」。グレアム氏はこう主張した。

ブログはX（旧ツイッター）で数日のうちに2000万回以上閲覧され、著名な創業者たちはこぞって絶賛した。カナダのEC（電子商取引）プラットフォーム大手のショッピファイでCEOを務めるトビアス・リュトケ氏は「あらゆる業界に創業者モードが必要だ」とXに投稿し、Yコンビネーターのパートナー、ジャレド・フリーマン氏はグレアムのブログを「誰でも知っているスタートアップ向けアドバイスの1つになるだろう」と予測した。

Xでは「では誰が創業者モードの経営者なのか」と問う投稿も目立った。米アップルを率いた故・スティーブ・ジョブズ、米テスラと米スペースXのCEOを務めるイーロン・マスク氏と並んで、人々はエヌビディアのファン氏の名前を挙げた。「エヌビディアは創業から30年経った今も創業者モードのままだ。ファンCEOの先見性を最大限に生かす組織構造が、今のところはうまく機能している」。京都大学の鶴澤氏はこう指摘する。

独自ルール「トップ5」の秘密

組織をフラット化し、CEO自ら現場に指示する。情報の高い流動性はこうした体制から生まれている。では、変化の兆候をどうやって感じ取るのか。2つ目の秘密は、フラット化したことで得る情報から、市場の微かな兆しを掴む仕掛けにある。

「大学の最先端の研究では、ディープラーニング用のコンピューターにGPUが使われ始めている」

差出人はキンバリー・パウエル氏。現在はエヌビディアのヘルスケア部門で副社長を務める。2010年当時、エヌビディアで各大学とのパートナーシップ構築を担当していたパウエル氏は、同社のファンCEOに1本のリポートをメールで送付した。

「ある〝兆し〟が見えたんです。大学とのパートナーシップが重要なのは、5年後、10年後に何が台頭するかが見えてくるからでしょう」。パウエル氏はこう振り返る。

ＡＩ需要の兆しは、２０１０年に送られたこの1本のメールに描かれていた。このメールに、ファン氏は注目した。以来、ＧＰＵのＡＩへの応用について考えを進めていくことになった。それは「ＡＩのゴッドファーザー」と呼ばれ、２０２４年のノーベル物理学賞を受賞したジェフリー・ヒントン氏が、ＡＩによる画像認識コンテストで圧倒的な性能を披露した2年も前のことだった。２０１２年のコンテストでヒントン氏がたった2台のＧＰＵで優勝したことで、ＧＰＵへの関心が一気に高まった。

パウエル氏のメールは、ＡＩの学習とＧＰＵの相性のよさを論理的に示していたわけではない。ただ研究者がＧＰＵを使い始めているという現象に、ファン氏は直感的に反応した。筆者による２０１7年のインタビューでファン氏は次のように振り返っている。

「後から考えると、これは必然だと分かりました。私たち人間の頭脳は世界一の並列コンピューターなんです。見て、聞いて、匂いを嗅いで、考えて……ということを同時にできる。しかも、異なる考えを頭の中で同時に進行させることができる。一方で、ＧＰＵはコンピューターグラフィックスのために生まれました。世界で最も並列演算が得意な半導体です。ここで、人間の思考というものを考えてみましょう。思考すると、人間は心の中にイメージを作ります。『メンタルイメージ』という言葉がそれを表しているでしょう。『赤のフェラーリ』を想像する時、頭の中でそのイメージを作っているわけですから。つまり、思考している時、我々は脳の中でグラフィックを描いているとも言える。そう考えると、思考というのはコンピューターグラフィックスと似ていると考えることができます」

エヌビディアの転機のきっかけとなったこのメールは、同社独自の社内報告ルールである「トップ5項目（Top 5 Things）」によるものだ。社内では略して「T5T」と呼ばれることもある。社員はCEOをはじめとする幹部に、その時に自分にとって最も大事な5つの事項をそれぞれ簡潔に書いてメールで送ることになっている。新たな市場への期待、足元の業務への不満、幹部への依頼……自分が重要だと思うのであれば内容は問わない。これが一般的な会社での週次報告の代わりとなる。

頻度は隔週が基本で、メールタイトルは「Top 5 Things +自分の所属部署」、5項目は上司の判断を仰がなければならない事項から書き始めるといったフォーマットが厳格に決まっている。

複数のエヌビディア社員によれば、一時、「ファン氏はスマートフォンでメールを開き、スクロールせずに読める範囲しか目を通さない」という噂が広まったこともあり、社員はより簡潔に自分のトップ5を記すようになったという。パウエル氏がメールを送った2010年のエヌビディアの社員は数千人。当時、ファン氏はほぼ全てのメールに目を通していたという。

今でもファン氏は3万人いる社員からのトップ5を「生きた情報」としてフル活用する。「必ずしも全てを読むわけではなく」（ファン氏）、自らの興味・関心でランダムに情報を入手するツールとして位置付けている。複数の米メディアは、今でもファン氏が1日に100通ほどのトップ5に目を通し、週末にはさらに多くのメールを読むと報じている。

「自動運転」「ヘルスケア」などの領域別で検索すれば、関連部門だけでなく他の社員の動きも分かる。社員は上司などに忖度《そんたく》せず率直な意見を書くので、現場の雰囲気や課題感も伝わる。自身もトップ5を常に検索して情報収集をするというエステス副社長は「時折、目からうろこが落ちるような情報を発見することがある」とその効果を語る。

EIOFsという独自指標を採用

定石の逆を行くマネジメント手法

フラットな組織で情報の流通性を高める

☑ CEO直属の最高幹部は60人
☑ 1対1の会議はNG。フィードバックは一斉に

変化の兆しに対する感度を上げる

☑ 関心事「トップ5」を全社員がCEOなどにメールで送る
☑ 経営指標は「KPI」ではなく「EIOFs」

一気に経営資源を投入する

☑ 公式の組織図なし。「ミッション・イズ・ボス」が原則
☑ 中期経営計画はつくらない。最終的なゴールを目指すのみ

「どこから来るかも分からない〝弱いシグナル〟に注意を払いたい」。ファン氏は2023年12月に登壇したイベントでこう語っている。その姿勢は、各事業の経営指標にも表れる。

エヌビディアは事業の目標にKPI（重要業績評価指標）を設定していない。ファン氏が「KPIは理解しにくい。多くの人は営業利益率をKPIに設定したがるが、利益率は結果であってKPIではない」との考えを持つからだ。

その代わりに採用しているのが、EIOFs（アーリー・インジケーター・オブ・フューチャー・サクセス＝将来の成功のための早期指標）と呼ぶ考え方だ。将来の事

業拡大を占う指標であり、特定の項目や方程式はない。注意を払うべき数字は各事業によって異なる。

例えば、スタートアップとのパートナーシップであれば、獲得したパートナー数という結果ではなく、「GPUで高速化されたアプリケーションの種類がEIOFsとなる」（エステス副社長）。アプリが増えれば、その分野のスタートアップの数も増える。それが結果的に同社のGPU売り上げ増加につながるからだ。ロボット事業やヘルスケア事業、量子コンピューター事業にもそれぞれのEIOFsが設定されている。

「EIOFsは我々の経営戦略そのものだ」。日本代表の大崎氏はこう言う。ファン氏が〝弱いシグナル〟と表現する兆しこそEIOFsであり、そのシグナルを感じ取って、経営資源を大胆に投入するのがエヌビディアの勝ちパターンだ。

ここまで、エヌビディアが時価総額世界一に上り詰めたマネジメントに関する2つの秘密を見てきた。1つ目は、組織をフラット化して情報の流通性を高める仕組み。2つ目は、トップ5などをうまく利用しながら、市場の微かな兆しを摑む手法だった。

そして最後の3つ目は、その兆しを信じて一気に経営資源を投入するファン氏の決断力だ。エヌビディアの社内では「ミッション・イズ・ボス」という標語がたびたび使われる。リポートラインは存在するが公式な組織図はなく、事業の使命こそ上司だという考え方だ。プロジェクトのミッションを実現するために部署を横断してチームが立ち上がる。組織が臨機応変に姿を変え、ファン氏の意思決定を受けて迅速に動けるようにするためだ。

素早く動くため、中期経営計画や単年度の事業計画は原則として作成しない。「数カ月単位で技術のパラダイムが変わる。誰がスケジュールを予測できるのか」。ヘルスケア領域を率いるパウエル副社長はこう言う。ヘルスケアでは「AIで医学と研究を進化させる」という大きなミッションを置き、技術の進展に従って次々にアプリやサービスを展開するという戦略を取る。

「今日から全員がディープラーニングを学んでほしい」。AIの潜在的な可能性に気付いたファン氏は2013年、全社員にこう指示した。トップの号令でミッションに全リソースを投入する「一点集中」経営だ。微かな兆候を見逃さず、大胆に意思決定をする――これがまさにAIニーズを見逃さなかったエヌビディアの方程式だ。

その意思決定に大きく関わったエンジニアがいる。エヌビディアの「AIシフト」を支えたブレーン、ブライアン・カタンザーロ副社長だ。

米国がリーマン・ショックに震える数カ月前。カタンザーロ氏は2008年5月にエヌビディアでインターン生として働き始めた。当時、米カリフォルニア大学バークレー校の博士課程に在籍し、電気工学とコンピューターサイエンスを専攻していた。現在は副社長を務め、「エヌビディアの頭脳」と呼ばれるカタンザーロ氏。彼抜きに「AIシフト」は説明できない。

AI黎明《れいめい》期に何が起きていたのか。カタンザーロ氏には当時から、1つの確信があった。AIを実現する分析技術の1つである機械学習には、並外れた性能のコンピューターが必要で、「GPU（画像処理半導体）が機械学習に非常に適しているはずだ」というものだ。

今となってはAIにGPUが向くという事実は常識だが、当時は全く違った。研究者の多くは、AIにとって最も重要なのは、問題解決の手順や計算方法を指す「アルゴリズム」と、AIが学習するための大量の「データ」だと考えていた。それを計算するための「機械」に注目する人はまれだった。ましてやGPUがAIに適すると考えていたのは、エヌビディア社内でも数えるほどしかいなかった。

確かに同社は2006年、GPUを高速化する開発環境「CUDA」を公開した。CU

DAは画像処理以外の汎用的な計算にGPUを利用する道を切り開いたが、AIを前提に開発したものではなかった。

ノーベル賞研究者の衝撃

2011年、カタンザーロ氏は社員として正式にエヌビディアに入社すると、機械学習の一種である深層学習(ディープラーニング)とGPUについての研究を開始した。

翌2012年、AI研究者たちに衝撃が走った。2024年にノーベル物理学賞を受賞することになるジェフリー・ヒントン氏や米オープンAI共

エヌビディアでAI応用研究を率いるブライアン・カタンザーロ副社長
（写真：Bloomberg/Getty Images）

アレックスネットでAI研究者たちに衝撃を与えたジェフリー・ヒントン氏（右）とイリヤ・サツキバー氏（左）（写真：トロント大学提供）

同創業者のイリヤ・サツキバー氏などのチームが、たった2基のGPUを使ってAI画像認識コンテストで優勝。彼らのAI「アレックスネット」の誤答率は15・3%にとどまり、2位に10ポイント以上の大差を付けた圧倒的な勝利だった。ヒントン氏は後に「GPUがなければ達成できなかった」とメディアに語っている。

今では「歴史的な転換点」といわれるアレックスネットだが、当時は研究者間で賛否両論が入り乱れた。その精度を絶賛する意見の一方、著名な専門家でさえ「結果は間違いだ」「特定の問題に対する性能が高いだけだ」と疑義を唱えた。エヌビディア社内でも意見が分かれたが、カタンザーロ氏はAI向けGPUの可能性を信じ続けた。

そんな時、米ニューヨーク大学教授のロブ・ファーガス氏がエヌビディアを訪ねた。後に「AIの父」と呼ばれるヤン・ルカン氏とともに、米メタのAI部門を立ち上げるAI界の大物である。ファーガス氏はカタンザーロ氏に助けを求めた。「大学の機械学習研究者はGPUを使おうとCUDAでプログラムを書いているが、煩雑で長い時間がかかる。何とかしてくれないか」

ファーガス氏からの依頼は、カタンザーロ氏にとって大きな自信になった。2013年、エヌビディアで初となるディープラーニング向けソフトウエア「cuDNN」を発表する。AIプログラミングを圧倒的に簡易化するツールで、研究者たちが何より望んでいた機能だった。

10年後に世界を変えたピボット

2013年に入ると、研究者の間でディープラーニングへの関心も高まっていった。カタンザーロ氏は米スタンフォード大学と共同で、米グーグルの1000台のCPU（中央演算処理装置）サーバーをたった3台のGPUサーバーに置き換える実験に成功。GPUの圧倒的な性能を世に発信し続けた。

カタンザーロ氏は社内会議で、ディープラーニングの盛り上がりについてファン氏に報告。ファン氏は「それは、私たちができる最も重要なことだ」と返答した。

間もなくして、四半期に一度の社内全体会議がやってきた。

ファン氏は会議が始まるやいなや、AIに経営資源を振り向ける決意を表明した。社員全員に対し、「エヌビディアの7000人は、駐車場で（車に乗って走り出すのではなく）座っているだけだ。仕事をしていない」と喝破した。社員を鼓舞するファン氏流の激励だった。

翌2014年3月、エヌビディアの年次イベントが米シリコンバレーで開かれた。珍しくトレードマークの革ジャンを着ていなかったファン氏は、前年まではほとんど言及しなかったAIについて冗舌に語った。「聞いている人の中には、なぜGPUではなくディープラーニングの話なのかと疑問に思った人もいたでしょう」（カタンザーロ氏）

この時のファン氏のプレゼンテーションには裏話がある。直前まで別のチームが大勢でつくったデモンストレーションをファン氏は「過去しか表していない」として拒否し、カタンザーロ氏が1人でつくった別のデモを急きょ、年次イベントで披露したのだった。

ＧＰＵの可能性を信じ続けた男は今、こう振り返る。「２０１３年当時はごく小さい市場だった。でも確信があった。困難だがユニークで、何か特別なことができると信じていたんだ」。10年後に世界を変えた歴史的な「ピボット（転換）」は、その信念によって生まれた。

エヌビディアが諦めたこと

一方で、一点に集中するということは何かを諦めるということと同義である。２０１７年の筆者による単独インタビューで、ファン氏はそれを「犠牲」と呼んだ。

「チャンスを手繰り寄せるためには何が必要か。まず常に神経を尖らせておくこと。思慮深くあること。そして、準備体制をいつも整えておくこと。しかし、一番大事なのは意思でしょう。なぜなら、チャンスを摑むには犠牲が必要ですから。企業として投資できる総額には限界があるので、ＡＩへの投資を増やせば既存事業が手薄になる。また、別の新規事業としてフォーカスしていたものを緩める必要も出てきます。つまり、他のチャンスは諦めたということです。例えば、我々はスマートフォン向けのビジネスをもっと追求することができた。あるいは、ゲーム機とタブレットを開発する機会もあった。でも、それらからは一歩引きました。多くのビジネスチャンスを失いました。けれど、その犠牲によってＡＩにフォーカスすることができた」

ファン氏はこの取材で、ＡＩのためにスマホとゲーム機を諦めたと明言している。事実、スマホ向けＧＰＵは２０１５年に撤退を表明、ゲーム機は２０１６年に後続機を開発しないことを発表している。それぞれを詳しく見ていこう。

エヌビディアが、一枚の基板（チップ上）に半導体などを実装した集積回路（ＳｏＣ）である「Ｔｅｇｒａ（テグラ）」を発表したのは２００８年。当初からスマホやタブレット向けのＳｏＣとして設計され、２０１０年代前半にはタブレットなどに搭載され始めた。それでも、消費電力が大きいことなどを背景としてスマホ向けでは苦戦した。２０１２年には、エヌビディアのテグラを搭載した富士通製のスマートフォンが発熱する不具合が発覚。当時の内部事情を知る関係者は「エヌビディア製チップに問題があったのではなく、ドコモのあるアプリケーションとの相性が悪かった。富士通は携帯キャリアであるドコモに強く物申せず、問題を解決できなかった」と振り返るが、結局、その後もエヌビディアのシェアは伸びなかった。当時、シェアトップだったのはスマホ向けチップで大躍進した米クアルコム。2014年時点で世界シェア40％超を占めた。一方のエヌビディアは1％程度に過ぎなかった。

2013年1月、世界最大級のテクノジー見本市「CES」に合わせて開いた発表会で、ファン氏がとっておきの製品として唐突に発表したのが、エヌビディアの自社製ゲーム機「シールド（後にシールド・ポータブルに改称）だった。5インチのタッチスクリーンにコントローラーが接続したユニークな形状のゲーム機だ。シェアが伸びないテグラの使い道を自ら広げることで挽回しようとする意図もあった。

ただし、シールド・ポータブルは1代限りで事業終了。次世代となるタブレット型の「シールド・タブレット」を2014年に発表するも、こちらも販売は伸びなかった。

結局、スマホは2015年に撤退、ゲーム機は2016年にアップデートの計画を中止した。いずれもシェアが伸びず、道半ばで事業をやめたわけだ。当時、スマホは伸び盛り、ゲーム機は祖業であるゲーム用半導体と相性がよい。いずれも事業として大きな投資をしており、撤退の判断は容易でなかったに違いない。それでもファン氏はＡＩに経営資源を投じるために撤退を決めた。

市場にはエヌビディアの急成長を「ＡＩブームによる幸運」とする声がある。しかしこれまで見てきたように、わずかな変化を見逃さないフラットな組織やユニークな制度、その変化に対するファン氏の迅速な決断があってこそ、エヌビディアは時価総額世界一企業となったのだ。

ファン氏とマスク氏の決定的違い

ファン氏の姿勢や強烈な個性は、米テスラＣＥＯのイーロン・マスク氏と比較される。ファン氏はフラットな組織を志向し、マスク氏は直接的な対話を重視する。いずれもコミュニケーションコストを下げて伝言ゲームを避けるという点で共通する。

ユニークな仕事術を持つ点も類似する。マスク氏は全ての仕事に満遍なく取り組むのではなく、厳選した85％の仕事に全力で取り組むことで１００％以上の成果が出るとの信念

比較される2人のカリスマ経営者

比較項目	ジェンスン・ファン氏	イーロン・マスク氏
社内の情報伝達	透明性を重視	直接的な対話を重視
従業員の働き方	リモートワーク可	テスラで最低週40時間の出社を義務化
AIと雇用の考え方	AIで多くの仕事が生まれ、雇用を生み出す	AIは雇用を奪う
生産性向上の秘策	朝一番にその日、最も重要な仕事に取り掛かる	厳選して85％の仕事に取り組めば100％以上の成果が出る
レイオフへの考え方	なるべく解雇しない	旧ツイッターの従業員8割を解雇
お互いへの発言	「（マスク氏は）超人」（2024年10月）	「ジェンスンとエヌビディアに多大な敬意を払っている」（2023年7月の決算説明会で）

を持つ。一方で、ファン氏は朝一番にその日、最も重要な仕事に取り掛かることで、生産性が上がると発言している。

きっかけになったのは、京都で出会った庭師の発言だった。

２０１０年代の夏のこと。ファン氏は家族旅行で夏に京都に滞在した。銀閣寺を訪れると、庭一面に広がる苔《こけ》の美しさに魅了された。炎天下で延々と苔の管理をする庭師がいた。竹製のピンセットで枯れた苔を丁寧に摘み取り、カゴに入れる作業を繰り返していた。ファン氏には気の遠くなる作業に思えた。聞くと、25年間、その庭を1人で管理してきたという。「私には時間がたっぷりありますから」。庭師はこう話した。ファン氏はこう考えた。まさに庭師のように、仕事を自分のライフワークにすれば、時間はあるんだ。

以降、「時間はたっぷりある」というフレーズはファン氏のお気に入りになった。朝一番に重要な仕事を片付けるのもこの文脈にある。その仕事さえ片付ければ、残された時間でたっぷり仕事をすることができる。

ただし、ファン氏とマスク氏には決定的に異なる点もある。エヌビディア日本代表の大崎氏は「ジェンスンは徹底してテクノロジー起点。並の大学教授では太刀打ちできないほどAIなどに造詣が深い」と語る。リーダー気質の経営者でもありながら技術オタク。政治には我関せずの姿勢を貫き、自社の技術を信じて邁進《まいしん》する。それが、わずかな兆しだろうと技術的変節点を察知するファン氏最大の特徴でもある。

2023年10月、米コロンビア大学経営大学院で講演したファン氏は経営者の卵たちにこう語った。

「CEOは自ら技術を作り出す必要はないが、技術を知っておくべきだ。その技術が現在どのような存在で、どこに向かっているのか。そしてできれば、その技術に対する情熱を体現するよう努力すべきだ」

ファン氏の創業者モードはいつまで続き、社員3万人のスタートアップを今後、どう舵《かじ》取りするのか。気になるのは後継者問題だ。内部の人事情報を知る関係者の1人は「特別な後継者育成プランは始まっていないようだ」と見る。

グーグルは創業者であるラリー・ペイジ氏が創業3年でCEOを交代し、エリック・シュミット氏がCEO監督下にあった主要製品の多くの権限を委譲するなど変革を進め、インターネット検索世界大手企業へと成長させた（ペイジ氏はその後、2011年にCEOに復帰）。マイクロソフトは創業25年で創業者ビル・ゲイツ氏がCEOを退き、スティーブ・バルマー氏が巨額投資を大胆に実行して世界最大のソフトウエア企業となった。

日本のメディアの合同インタビューで組織構造について問われたファン氏は、「次のCEOになる方法も（幹部全員に）示している」と言及した。ファン氏は現在、62歳。その発言や行動に衰えは見られないものの、世代交代は全ての企業の通過儀礼でもある。ファン氏がその流儀をどう継承するかに注目が集まっている。

CHAPTER

3

歴史編

破綻寸前のエヌビディアを救った日本人

台湾出身のジェンスン・ファン氏は9歳で海を渡り、米国へ移住した。手違いで「タフ」な学生生活を経験したのち、シリコンバレーで半導体エンジニアとして働き始める。親友との起業、セコイアとの出会い、2度の大失敗、そして破綻の危機。瀕死のエヌビディアを救ったのは、1人の日本人との邂逅だった——。1999年に世界初の「GPU」を発売するまでの、波乱万丈な起業物語。

生きる条件は「タフであること」

ファン氏は1963年2月、台湾で生まれた。父は石油関連企業で働くエンジニアで、母は小学校の教師だった。ファン氏が5歳の時、父の転勤に伴って一家はタイに移住。ただし、1960年代後半の東南アジアではベトナム戦争や内紛などが起こっており、両親はその政情に不安を感じていた。「子どもたちには米国で育ってほしい」。そう考えていた母親は毎日、英語辞典からランダムに10個の英単語を選んで2人に教えていたという。

1973年、両親は親類を頼ってファン氏と兄の2人を米国に送り出した。「私は9歳で、兄は11歳近くだった。そこは外国だったし、楽なことなど何もなかった。素晴らしい両親の下に生まれたが、裕福ではなかった」。ファン氏はこう振り返る。

ファン氏の叔父と叔母は自らが住む米ワシントン州タコマにファン氏と兄を迎え入れた後、すぐに2人を米ケンタッキー州にある「オナイダ・バプティスト・インスティチュート」に入学させた。叔父は同校を全寮制の名門寄宿学校だと理解していたが、それは勘違いだったことが後に発覚する。ファン氏は2002年、米ワイヤード誌のインタビューで「そこは更生施設だった」と答えている。当時のオナイダは、他の学校を退学した少年たちを受け入れる施設としての性格が強かったと見られる。

「男性や少年が血生臭い抗争で殺されていた」。同校の沿革を記す文章はこう始まる。1899年、同校はケンタッキー州東部で反目し合っていた一族同士の抗争を止めるために設立された学校だった。

多くの少年たちはポケットにナイフを忍ばせ、喧嘩は日常茶飯事。寮で生活を共にした先輩の身体はタトゥーと切り傷だらけだった。文盲だった彼にファン氏は文字の読み書きを教えたという。米ニューヨーカー誌によれば、その先輩は代わりにベンチプレスのやり方を教えた。毎晩、寝る前に100回の腕立て伏せするのがファン氏の日課になった。

「オナイダの子どもたちは本当にタフだった」。米公共ラジオ放送NPRのインタビューで、ファン氏はこう話している。オナイダは学費を無料にする代わりに校内での労働が求められた。ファン氏に毎日課せられたのは、3階建ての寮の全てのトイレを掃除すること。「タフであること」はオナイダでの生活の必要条件だった。2002年のインタビューで、「人生のどの部分よりも鮮明に覚えている」とファン氏は振り返っている。2019年、ファン氏と妻のロリ氏は同校に女子寮と教室を作る費用として200万ドルを寄付している。

数年後、両親が渡米し、ファン氏は家族と共にオレゴン州に引っ越した。オレゴン州の公立高校では成績優秀で2年飛び級、16歳で卒業するとオレゴン州立大学に入学した。この頃から、コンピューターサイエンスとコンピューターゲームに関心があったという。大学での専攻は電気工学だった。ファン氏は2025年1月の合同メディアインタビューで、「我々の世代にとって、工学と言えば電気工学だった」と話している。

サン・マイクロシステムズの盟友

高校時代に経験した最初の仕事はファミリーレストラン「デニーズ」でのアルバイトだった。初めは皿洗い、次にウエイターの補助役であるバスボーイ、最後にウエイターになった。ファン氏はいまだに、デニーズを「私のキャリアで最初の会社」と語っている。

1984年にオレゴン州立大学を卒業後、ファン氏はシリコンバレーに移り住み、米半導体メーカーのアドバンスト・マイクロ・デバイセズ（AMD）に入社する。AMDでマイクロプロセッサー（コンピューターの演算装置などを1枚の半導体チップに集積したもの。現在のCPU＝中央演算処理装置とほぼ同義）の設計者として働きながら、夜は米スタンフォード大学の博士課程に通った。

翌1985年に米LSIロジック（2014年に現在の米ブロードコムが買収）に転職。同社は急激に成長し、ファン氏が入社する2年前に新規株式公開した気鋭の半導体メーカーだった。特に特定の用途に合わせて設計・製造する半導体集積回路であるASICのパイオニアであり、その特定用途のカスタムチップを他社に供給していた。1984年には日本と英国に現地法人を設立している。

1980年代前半と言えば、米国テック企業によるコンピューター開発競争の真っ只中。個人向けでは、米IBMが1981年にモデルナンバー「5150」として知られるIBM PCを発売。1984年には故・スティーブ・ジョブズ率いる米アップルコンピュータ（現アップル）がマッキントッシュを世に出していた。まだ米マイクロソフトの「ウィンドウズ95」は登場していなかったものの、いわゆる「PC革命」が始まろうとしていた。

LSIロジックの最大の顧客は、米サン・マイクロシステムズ（米オラクルが2010年に買収）だった。後年、米大手ベンチャーキャピタルのポッドキャストに出演したファン氏は次のように振り返っている。ワークステーションと呼ばれる業務用の高性能コン

ワークステーションの雄だった米サン・マイクロシステムズ。ファン氏はサンに常駐する形でワークステーション用グラフィックチップの開発に従事した
（写真：米コンピューター歴史博物館）

ピューターの分野で、「当時、ＩＢＭ以外に自社でチップを製造できる企業はほとんどなかった」。そこに風穴を開けようと、カスタムチップの開発に乗り出していたのがサンだった。

ファン氏はＬＳＩロジックの担当者としてサンのカスタムチップ開発に従事した。ほぼ、サンに常駐する形だったようだ。一方、サン側の当時の担当者が、後にエヌビディアを共同で創業するクリス・マラコウスキー氏とカーティス・プリーム氏だった。ビジネスで知り合った彼ら３人は意気投合し、仕事仲間を通り越して友人になっていく。

ＰＣ革命と並行して、半導体業界にも革新が求められる時代だった。米インテルやＡＭ

Dなど多くの半導体メーカーはこぞってCPUの開発に注力した。そんな中、1990年ごろから3人は別の製品開発を任されるようになる。それが「グラフィックカード」だ。サンのワークステーションにCPUと同時に搭載することで、コンピューターが描画するグラフィックの品質や速度を上げるための半導体だった。

3人は開発に取り掛かったものの、頓挫する。サンが目指していた方向性と3人が設計を進めていた方向性に相違があったからだ。その後、マラコウスキー氏とプリーム氏はサンを去ることになった。

間もなくして2人はファン氏に「LSIロジックを辞めて3人で会社を作らないか」と声をかける。ファン氏は後にこう振り返っている。「仕事には満足していたし、幸せだった。だから言ったんだ。『デニーズで会おう』って」。慣れ親しんだレストランは、まとまった時間議論するのに打って付けだった。

シリコンバレーの中心であるサンノゼ市の北西部、幹線道路が交わるジャンクションのすぐ脇に、エヌビディア「創業の地」であるファミリーレストラン「デニーズ」がある。3人は「おかわり自由」のホットコーヒーを頼んで、時には数時間、事業内容について議

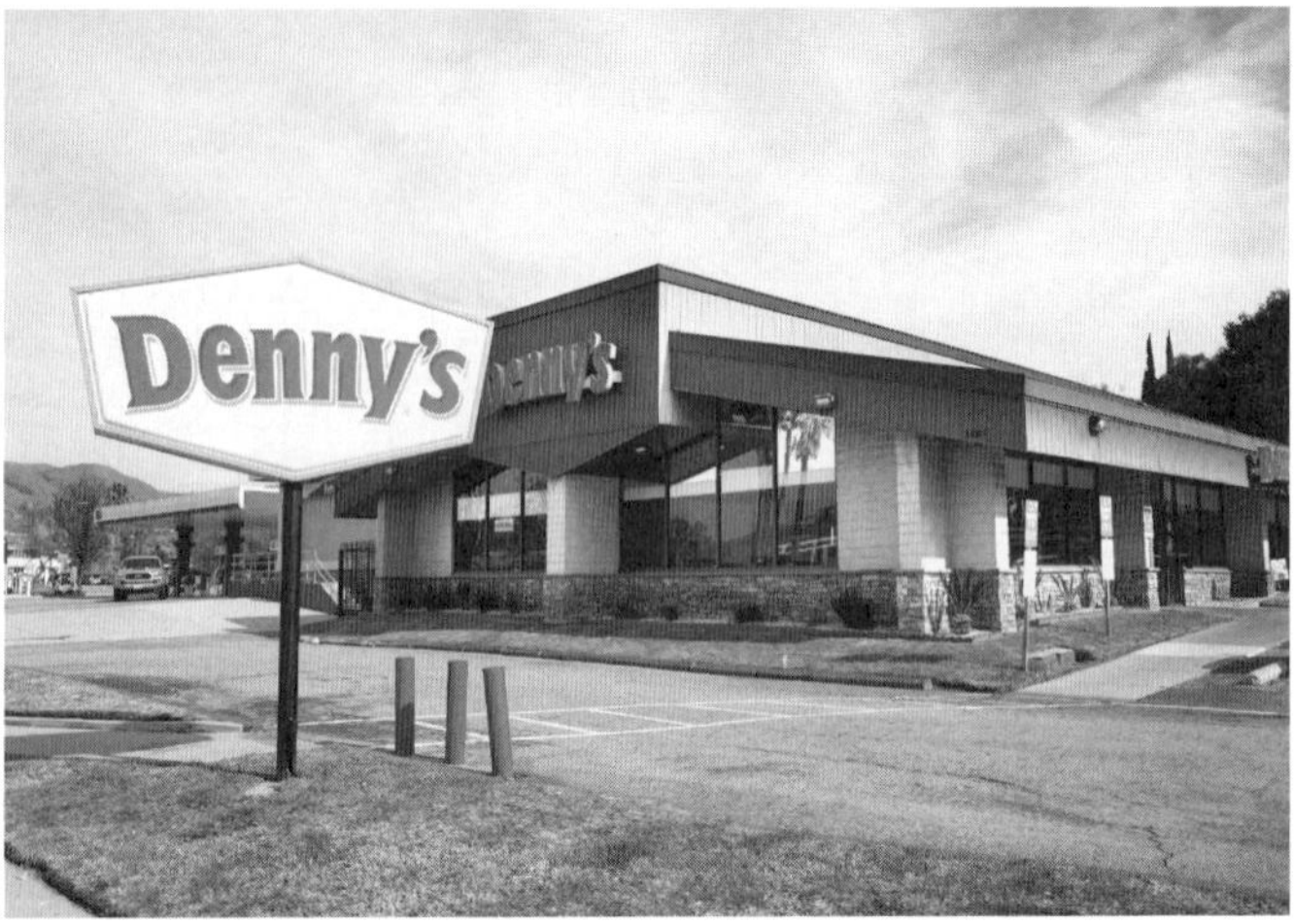

サンノゼ市の北西部にあるデニーズで3人は起業のアイデアを議論した（写真：筆者）

論した。PC革命によって個人が利用できるコンピューター市場が急速に伸びることは目に見えていた。では家庭にコンピューターが普及した時、必要なアプリケーションは何だろうか。

3人は米ゲートウェイ（2007年に台湾のエイサーが買収）のPC「ゲートウェイ2000」を買って研究した。3人の専門は高性能のワークステーションであり、実はそれまでPCに触れたこともなかったからだ。

議論をし尽くして出した結論が「3次元グラフィックス」だった。当時のPCはキーボードによるテキストが入力の中心であり、スピーカーもマイクも映像再生機能もない。一方で、2次元グラフィックスの萌芽はあり、米アルテラ（2015年にインテルが買収）を筆頭にその市場を狙う半導体メーカーが現れ始めていた。彼らはサンとLSI時代の最後の仕事であるグラフィックカードの経験を生かしながら、まだ競合がいない3次元を主戦場にしようと考えたわけだ。

当時、CPUを採用したワークステーションは全盛期を迎えていた。CPUはいわば何でもこなせるジェネラリストだ。ファン氏は2023年、コロンビア大学ビジネススクールが主催した講演会で「なぜグラフィックス・チップ」で起業したのかとの問いに、次のように答えている。「CPUによる汎用コンピューティングは信じられないほど素晴らしいが、それだけでは合理的な解決策にはなり得ない」。ファン氏は当時から、用途別の「専用チップ」に可能性があると信じていた。結果的にこの考え方が、AIブームの需要を一手に引き受けることになる。「私たちは、問題を解決できる新しいコンピューティングの形があると信じていた。CPUとキラーアプリを接続するものだ。ただ、当時キラーアプリはなかったし、そんな技術もなかった。しかし今（2023年）振り返っても、この判断は正しかった」

共同創業者のマラコウスキー氏は、そのキラーアプリを「波」と表現する。「市場ニーズはなかったが、『波』が来るのが分かった」。彼は2016年の米フォーブスのインタビューで、当時の頭の中をこう語っている。「米カリフォルニア州では、サーフィン大会が開催される。大会関係者は、日本で大波が発生すると参加者に準備を開始するよう伝える。経験では2日以内に『波』が来るからだ」。同氏は日本が起業のきっかけだとしている。

1990年代に入って、任天堂が「スーパーファミコン」を、セガが「ゲームギア」を発売。ゲームの覇権争いが勃発しており、グラフィックスのさらなる高性能化が予想できた。実際、エヌビディアが1993年に起業した後、セガは1994年に「セガサターン」を、そしてソニー・コンピュータエンタテインメントが同年、ゲーム業界に新規参入し、「プレイステーション」を発売。任天堂は1996年に「NINTENDO64」を発売し、日本企業のゲーム機は全盛期に突入していく。

ファン氏は後に、当時の意思決定について興味深いことを語っている。「エヌビディアはPCとCPUが市場を席巻していた時期に設立されました。CPUはジェネラリストです。何でもできる。しかし、何でもできるということは何もできないということでもあるのです」（米コロンビア大学での講演、2023年10月）。特定用途に特化した半導体という点で、この時既に現在のエヌビディアの強みが志向されていたことになる。

「俺の金を失ったら、お前を殺す」

起業を決めたファン氏は書店に走り、米国の実業家であるゴードン・ベル氏の著書『ビジネスプランの書き方』（未邦訳）を急いで手に入れた。「450ページもあった。何ページかめくって、こう思ったんだ。この本を読み切る頃には私は廃業しているだろう」。米スタンフォード大学の講演で、ファン氏は当時の心境をこう明かしている。

その後、ファン氏はLSIロジックに辞意を伝える。当時のCEOはウィルフ・コリガン氏。米半導体メーカー、フェアチャイルド・セミコンダクター出身で、1990年代後半には日米半導体交渉の米国側担当者を務めた米国半導体業界の超大物である。3次元グラフィックス・チップのスタートアップを立ち上げることや、現時点のビジネスプランを伝えると、コリガン氏はこう切り返した。「今まで聞いた中で最悪のピッチだ。会社を始めるつもりなら、ドン・バレンタインに会いに行け」

故ドン・バレンタインは米国の大手VC、セコイア・キャピタルの創業者。コリガン氏とはフェアチャイルドの同僚だった。その場でコリガン氏はバレンタイン氏に電話をかけ

セコイア・キャピタル創業者の故ドン・バレンタイン氏（写真：米セコイア・キャピタル）

た。「彼はＬＳＩの最高の従業員だ。何を始めるかよく分からないが、スタンバイしておいてくれ」。自社を辞める若手に対し、出資元となるＶＣを紹介したのだった。

セコイアで椅子に鎮座していたバレンタイン氏をファン氏は「とにかく怖かった」と振り返る。「ピッチはその時も最悪だった。でもウィルフは既に、出資するように指示してくれていたんだ」。バレンタイン氏は出資を約束し、「俺の金を失ったら、お前を殺す」とだけ言い放った。セコイアはエヌビディアの最初の投資家となり、当時の評価額は６００万ドル。米フォーブスによれば、セコイアの出資額は１００万ドルだった。１００万ドルを投資したもう１社の初期投資家は米サッター・ヒル・ベンチャーズ。ＬＳＩロジックの初期投資家だ。つまりエヌビディアの最初の資金調達は、ＬＳＩロジックのコリガン氏がお膳立てしたと言えるだろう。

エンジニア畑を歩んできた3人にとって、技術開発は何より優先されるものだった。ある日、3人は社名を決めていないことに気付く。彼らはチップ開発に関するコンピューター内のファイル名を「ＮＶ（ネクスト・バージョンの略語）」としており、辞書でＮＶを含むふさわしい単語を探し始めた。そしてラテン語で「羨望」を意味する「ＩＮＶＩＤＩＡ」を見つけ、「ＮＶ」から始まるように最初の「Ｉ」を削除し、「ＮＶＩＤＩＡ」と決めた。

シリコンバレーの小さなオフィスを借り、20人ほどを雇用して最初の製品開発に取り掛かった彼らは、とにかくあらゆる機能を詰め込むことを意識した。３次元グラフィックス、オーディオ、ビデオ処理……。会社設立から約2年、「ＮＶ1」と呼ぶ最初のチップが完成した。「失敗だった」。ファン氏はセコイアのポッドキャスト番組でこう振り返った。パートナー契約を結んでいた米ダイヤモンドマルチメディアにＮＶ1を25万台納品したものの、「24万９０００台が返品された」（ファン氏）という。価格は市場にマッチしておらず、機能も過剰だった。あらゆる機能が盛り込まれた「何でもできる」グラフィックカードを求めるゲーム関係者は少なかった。

マイクロソフトに敗北した日

一方で、一筋の光もあった。セガの存在だ。

NV1の開発当時から、エヌビディアのチップに最初に興味を示したのはセガの米国法人だった。セガは当時の売れ筋ゲーム機だったセガサターンのソフトをパソコンゲームとしても利用できないかと考えており、エヌビディアとのライセンス契約を結んだ。エヌビディアによれば、セガとの契約は1995年7月。NV1発売のわずか2カ月後だ。NV1の販売は思うように伸びなかったが、セガはエヌビディアの実力を買っていた。

1994年に発売されたソニーのプレイステーションが驚異的な人気を集める中、セガが次世代ゲーム機として開発していたのが「ドリームキャスト」だった。セガはドリームキャスト向けのグラフィックカードの開発をエヌビディアに委託。エヌビディアはそれを「NV2」として開発していた。NV1が失敗に終わった今、エヌビディアにとっては絶

エヌビディアの初期のロゴ。「n」は小文字だった（出所：エヌビディア）

対に失敗できないプロジェクトだ。

ここで当時の3Dグラフィックス向けチップの開発競争を簡単に振り返っておきたい。当時の3Dグラフィックカードは黎明期であり、業界標準はまだ定まっていなかった。3次元の物体をコンピューターが描写する際には、その最小単位を三角形にする手法と四角形にする手法がある。エヌビディアは四角形を採用していた。

ところが、ウィンドウズ95を発売して破竹の勢いを続ける米マイクロソフトが、時を同じくしてパソコンを使ってゲームをする際に必要なプログラムである「ダイレクトX」を発表する。そしてマイクロソフトは、三角形を最小単位とする手法しかサポートしないと表明した。平面を構成できる最も頂点が少ない多角形である三角形を利用して立体を描写するほうが理にかなっており、かつウィンドウズ95の勢いとも相まって、他のメーカーはこぞって三角形の手法に流れる傾向にあった。エヌビディアの手法はダイレクトXと互換性がなく、廃《すた》れていくのは決定的だった。結果だけ見れば、エヌビディアの戦略は誤っていたわけだ。

エヌビディアは判断を迫られた。業界標準ではない手法で開発を続けるか、それともセガとの契約を打ち切るか。ただし、セガとのプロジェクトを完遂したとしても、自分たちが持つ技術は主流ではない。その遅れを挽回するのは不可能に思えた。一方で契約を切れば、資金枯渇が待っていた。「プロジェクトを完了させてから死ぬか、プロジェクトを打ち切ってすぐ死ぬか。そんな状況に直面した」。ファン氏は後に、どちらもいばらの道だったと振り返っている。

エヌビディアを救った日本人

ファン氏は開発を進めていた四角形方式を捨て、マイクロソフトの三角形方式に切り替えることを決意した。しかし、それは同時に、セガとの契約破棄を意味していた。

一方のセガも、エヌビディアとの契約を破棄する決断を下していた。

当時、セガ米国法人のトップを務めていたのは入交昭一郎《いりまじり》氏。ホンダの副社長からセガ副社長に転じ、製作総指揮したゲームソフト「サクラ大戦」をセガサターンの大ヒットシリーズに育て上げたセガのキーパーソンである。

セガはエヌビディアに、グラフィックボードの契約を打ち切る判断を伝えた。それは死亡宣告とほぼ同義だった。それでも生き残らなければならないファン氏は、入交氏のオフィスに詰めかけて、こう訴えた。「契約金額を全て支払ってもらえないだろうか」。箸にも棒にもかからない提案である。契約金額を支払っても、セガには何の

入交昭一郎氏（写真：宮原一郎）

得もない。しかも、そもそも契約が打ち切られたのはエヌビディア側の技術戦略が誤っていたからなのだ。笑止千万、即却下が妥当だった。

それでも入交氏は悩んだ。米ウォール・ストリート・ジャーナルの取材に、入交氏はこう答えている。「私は彼をまだ信じていた」。日本に帰国すると、セガ上層部にこう提案した。「エヌビディアに出資すべきだ」。たった数日前に契約を不履行にした米国の無名スタートアップに出資するよう仕向けるのは、副社長である入交氏でも難儀だったに違いない。それでも入交氏は資金を確保した。セガによる500万ドルの出資。それが当時のエヌビディアのほぼ全資産だった。

初めてのチップは大失敗、第二世代は開発途中で頓挫。セガからの出資を受けたとはいえ、エヌビディアは瀕死の状態だった。「NV2の後、投資家として私たちはとても心配していた」。セコイアの著名投資家、マーク・スティーブンス氏は自社のポッドキャスト番組でこう振り返っている。

エヌビディアにとって死活問題だったのは運転資金だった。セガからの出資は500万ドル。キャッシュ不足に陥るまでの残存期間はせいぜい9カ月程度だった。その間に新商品を出せなければ、今度こそ倒産するしかない。大規模なリストラは避けられなかった。

当時の半導体メーカーにとって、新製品の企画から実際の生産まで、少なく見積もっても1年は必要だった。エヌビディアは工場を持たずチップの企画と設計を手がけるファブレス企業で、生産は他社に委託している。新製品の設計図ができたら委託先の半導体メーカーにそれを送り、試作品を作ってもらう。修正点を洗い出して設計図を修正し、また委託先に試作品の制作を依頼する。こうしたやり取りが生産サイクルを長くする要因だった。

ファン氏はこう考えた。委託している工場との修正に関するやり取りをなくせば、生産までの期間はぐっと短くなるはずだ。そこで思い出したのが「エミュレーター」だった。「模倣する機械」を意味するエミュレーターは、文字通りチップが動く環境をデジタルで模擬的に再現する機械だった。物理的には存在しない設計中のチップを再現する魔法のような仕組みである。ファン氏は以前、アイコスというエミュレーター開発のスタートアップがあると聞いたことがあった。思い出してすぐにアイコスに電話するとこう言われた。「実は廃業しようとしているんだ。でも、倉庫に1つある。欲しければ売るよ」。冷蔵庫ほどの機械で、ポッドキャスト番組「アクワイヤード」によれば価格は100万ドルだった。全資産の数分の1に相当する金額だが、すぐに引き取った。

NV1とNV2で採用した四角形ベースの手法から、マイクロソフトのダイレクトXがサポートする手法に変更する。従来の物理的な試作品から全てをシミュレーションで実行する設計手法に変える。創業当時には唯一無二だった3次元グラフィックス専用チップメーカーだったものの、既に市場には30社ほどの競合が存在している――。競争環境は何もかも変わってしまっていた。

ファン氏はアクワイヤードのインタビューで当時についてこう言及している。「1997年はエヌビディアにとって最高の瞬間だったと思う。私たちは壁にぶち当たっていた。時間もない、資金もない、そして多くの従業員には希望がない。みんな僕らに勝ち目はないとはっきり言っていた」

セガの投資の後日談

それでもやるほかなかった。ファン氏は市場を詳細に分析した。PC用チップはまだ発展途上であり、「最速」を求めていた。そしてファン氏は、PC市場には既存製品の10倍の性能を出すことでユーザーが熱狂する潜在的なチャンスがあると踏んだ。ソフトウエアを開発してエミュレーターで何度も仮想的な試作品を作った。何度も何度も議論して、ようやく完璧なチップが完成した。

エヌビディアは1997年、第3世代に当たる「RIVA 128」を発売した。ダイレクトXと互換性を持ち、当時の競合が抱えていたレイテンシー（遅延時間）などの課題を克服したチップだった。

七転八倒は続く。生産を委託していたメーカーの歩留まりが低く不良品が大量に発生するという異常事態が発生。エヌビディアの従業員全員が昼夜を問わず全ての製品をテストする羽目になった。ファン氏は「気の遠くなるような作業だった」と当時を回顧している。それでもRIVA 128は発売から4カ月で100万ユニットを売り上げた。エヌビディアにとって初めての成功と言えるだろう。長年、シリコンバレーで半導体調査会社を率いるジョン・ペディ氏は「処理エンジンは当時最高レベルであり、エヌビディアはコンピューターグラフィックスのリーダーとしての地位を確立した。RIVA 128は転機だった」と分析する。

瀕死状態からの起死回生。それはRIVA 128の成功だけでなく、土壇場で思い出したエミュレーターの発見も大きな意味があった。仮想的に試作品を作ることで通常の開発サイクルを半分程度に短縮するという手法は、エヌビディアの大きな武器になっていく。セガの入交氏による投資には後日談がある。米メディア「トムズハードウエア」によれば、米セガは後に、500万ドルの出資で手にしたエヌビディア株を1500万ドルで売却。1000万ドルのキャピタルゲインを得た。それは入交氏がセガの社長を退任した後での出来事だった。

「静かにしろ！ TSMCから電話だ」

この頃ファン氏は、製品開発と同時にもう1つの挑戦に取りかかっていた。台湾積体電路製造（TSMC）との取引開始である。今や世界トップのファウンドリーであるTSMCは当時から高い技術を持っており、ファン氏は生産をTSMCに委託しようと考えていた。

実は1993年のエヌビディア創業時、ファン氏はTSMCに連絡を取っている。2007年、シリコンバレーのコンピューター歴史博物館で開かれた講演会で、ファン氏はTSMCのカリスマ創業者である張忠謀（モリス・チャン）氏と対談し、そのことを明かしている。2人が当時を次のように振り返ると会場は笑いに包まれた。

モリス・チャン氏「1990年代の初頭にもいくつかのファブレスが台頭し、我々もその動きを助けました。彼らは私たちがいなかったら(ファブレスのビジネスを)始めなかったかもしれない」

ジェンスン・ファン氏「エヌビディアが1993年に創業した時、我々には利用できるファウンドリーがありませんでした」

チャン氏「いや、私たち（TSMC）は既に存在していたけど、あなたは検討しなかったでしょう?」

ファン氏「検討しましたよ。電話したんですが、折り返しがなかった」

チャン氏「1993年ですか?」

ファン氏「オフィスの誰かに電話したんです。間違った番号にかけたのかもしれない」

ファン氏はチャン氏に手紙を書いた。また無視されるだろうと期待していなかったが、エヌビディアのオフィスの電話が鳴った。当時のエヌビディアはＲＩＶＡ　１２８の出荷で慌ただしかったという。台湾紙の工商時報は、当時の様子を次のように報じている。「私はＴＳＭＣのモリス・チャンです」。ファン氏はそれを聞いてすぐに叫んだ。「モリス・チャンからの電話だ！　静かにしてくれ！」。この電話が、以来25年以上にわたって続くＴＳＭＣとエヌビディアの関係の始まりだった。

１９９８年、エヌビディアとＴＳＭＣは提携する。エヌビディアにとって第4世代となるＲＩＶＡ　ＴＮＴはＴＳＭＣが製造することになった。ともに台湾出身で米スタンフォード大学の卒業生でもある2人は厚い信頼関係を築く。エヌビディアはＲＩＶＡ　ＴＮＴ以来全ての世代でＴＳＭＣに協力を仰いでいる。チャン氏はファン氏を経営者として高く評価し、２０２４年11月に出版した自伝では、２０１３年にＴＳＭＣの後継者としてファン氏をスカウトしたことを明かしている。2度の勧誘にも、ファン氏は「既に仕事がある」と断ったという。

世界初のＧＰＵ

「世界初のGPU」として発表されたGeForce 256（写真：エヌビディア）

１９９９年はエヌビディアにとって記念すべき年になった。１つは、上場である。ＲＩＶＡ １２８とＴＮＴの成功で急成長したエヌビディアは１９９９年1月22日、米ナスダックに新規株式公開（ＩＰＯ）した。売り出し価格は12ドル。株価は当日終値で20ドル近くまで急騰した。まだインターネットバブルが弾ける前。ハイテク株のＩＰＯ祭りが続いていた時代だ。

パソコンの普及や人気ゲーム機の台頭に伴って、グラフィックス・チップ市場は熾烈な競争が繰り広げられていた。新興の米３ｄｆｘインタラクティブや米Ｓ３グラフィックスが台頭する中、カナダのＡＴＩテクノロジーズや米インテルも加わって日進月歩の性能競争が続いた。エミュレーターを採用し、半年に一度、新製品を出すエヌビディアに引っ張られるように、各社もこぞって開発サイクルを短縮化していた。

この最高性能争いにおいて、決定的な製品を開発したのもエヌビディアだった。エヌビディアは公式ブログで1999年を次のように振り返っている。「映画『マトリックス』のVHSを借りるためにビデオチェーンに長い列ができ、2000年問題への備えを怠らない人々は世界的なコンピュータークラッシュを恐れて現金を貯め込んだ。10代の若者たちは（ファイル共有サービスの）ナップスターでブリトニー・スピアーズやエミネムの楽曲を嬉々としてダウンロードしていた。でも、ミレニアムの変わり目の熱気の中で、もっと革新的な何かが展開されていた」

「これはもうグラフィックス・チップではない。『グラフィックス・プロセッシング・ユニット（GPU）』と呼んでほしい」。1999年8月31日にシリコンバレーで開いた発表会で、ファン氏はこう息巻いた。歴史に名を刻む世界初のGPU、「GeForce（ジーフォース）256」の登場である。価格は約300ドル。圧倒的なグラフィックスの描画性能だけでなく、それまでの常識ではCPUで行ってきた座標変換（3次元の物体を移動させる処理）や陰影を付ける計算もグラフィックス・チップで担うという新機軸を打ち出した。

これにより、3次元グラフィックスのほぼ全ての作業を行うことができる。ファン氏がただのチップではなくGPUと名付けたのは、こうした理由があった。以後、座標変換と陰影計算を実行する機能（ジオメトリエンジン）を持つグラフィックス・チップを、業界はGPUと呼ぶことになる。

ジーフォースの登場を、世界中のゲームメディアはこぞって「衝撃的」と報じた。惜しくも2024年に幕を閉じた米老舗テックレビューサイト「AnandTech」はジーフォース256をこう評した。「ゲームを起動した直後、タイトルを見たことさえなかったかのように（別物に）感じる」

翌2000年には、マイクロソフトが開発を進めていたゲーム機「Xbox」に搭載するチップへの採用が決定。2社は将来的な供給に関する業務契約を結んだ。マイクロソフトがエヌビディアに対して2億ドルを前払いするという異例の契約だった。最高性能争いで一歩抜け出したエヌビディアはこうしてライバルを蹴散らし、3次元グラフィックス・チップ改めGPUで圧倒的な存在感を示すようになった。

AI（人工知能）への足掛かりはこうして築かれたのだった。

ジェンスン・ファン　インタビュー①

私の仕事は経営ではなく「リーダーであること」

エヌビディアのジェンスン・ファン最高経営責任者（CEO）は2017年、米シリコンバレーの本社で筆者の単独インタビューに応じ、同社の意思決定手法やAIのために犠牲を払ったことを赤裸々に語っていた。「私の仕事は経営することではなく、リーダーであることだ」。トレードマークの革ジャンは当時も変わらない。ジョークを交えながらも抑揚のある話し方は、当時から説得力があった。

当時、エヌビディアは自動運転向けの半導体で業界の注目を集めていた。その数年前まで、ゲーム用半導体メーカーの1社に過ぎなかった同社。半導体業界でも、売上高は世界ランキング10位以下だった。なぜ同社はここまで圧倒的なスピードで自動車業界の台風の目になったのか。強烈なリーダーシップで知られるファン氏に、その理由を聞いた。

※インタビューは2017年4月に実施した

――今年（2017年）1月、米ラスベガスで開かれたテクノロジー見本市「CES」での発表は衝撃的でした。ドイツのアウディ、ボッシュ、ZFなどの自動車業界の大手メーカーと次々

に提携を発表する姿から、AIの中心的な存在になりつつある印象を受けました。

ジェンスン・ファンCEO：今までいろいろなジャーナリストを見てきましたが、エヌビディアがこうした密着取材を受けるのは初めてです。ありがとう。さて、今日は何の話から始めましょうか。

――まずは自動車について。AIに関連して、今エヌビディアが最も注力する産業と理解しています。単刀直入に、なぜ世界中の自動車メーカーからここまで引き合いがあるのでしょうか。

ファン：ラッキーだったんですよ。

――??

ファン：いや、ラッキーというのは、AIがブレークスルーになることに

2017年に筆者のインタビューに答えるジェンスン・ファン氏（写真：林幸一郎）

素早く気付いたことです。（人間の神経回路を模した計算手法である）ディープラーニングによって、将来どんなことができるのかを想像することができた。

当社が車載コンピューターに取り組み始めたのは10年以上前（注：当時はゲームでの経験を生かしカーナビなどのグラフィック関連事業として進出）。その当時から、長期的にクルマというものが、パワフルなコンピューターになっていくと思っていました。言い換えれば、クルマは4つの車輪の上にコンピューターが載ったものになる。そう考えていたんです。ただし、自動運転車を実現するようなテクノロジーやソリューションは当時、存在しませんでした。

数年前、ディープラーニングと人の視覚に匹敵する画像認識の能力がテクノロジーとして台頭しつつあることを〝発見〟した時に、これで自動運転車を実現できると確信しました。

▼これまでのソフトウエアではできっこない

――その発見をどうビジネスに展開したのでしょう。

ファン：最初のステップは、この問題を我々がどう解決できるのか、自分たち自身でしっかりと確認することでした。

なぜなら、自動運転車はコンピューティングの問題として非常に複雑です。世界中で最も難しい、複雑なコンピューターになると言ってもいいかもしれない。自分の周りにある世界を正しく認識し、合理的な判断をし、そしてそこで自分には何ができるか、何をすべきかを考え、そして安全に運転する。こんな問題はこれまでのソフトウエアやアルゴリズムではできっこない。全く新しいコンピューティングの方法が必要です。

数学的に極めて複雑な演算が可能なスーパーコンピューターを、クルマの中の限られたスペースに搭載しなければならない。それが課題でした。つまり、超高度な能力を持つコンピューターの小型化。これが課題だったのです。

我々がそれまでに作っていたスパコンを、ずっと小型化する必要があった。だからこそ様々な事業部門からエンジニアをかき集めて大々的なチームを作りました。

そして数カ月ごとに、世界の多くのメーカーに対して、どのように進捗しているのかを発表し続けました。ラスベガスのＣＥＳ（コンシューマー・エレクトロニクス・ショー）もその１つの場です。

最初の質問にお答えしましょう。なぜ引き合いが多いのか。

技術開発の開始から数年経ったころ、自動車メーカーや物流企業など多くの企業が「エヌビディアは、本当にこの問題に真剣に取り組んでいる会社だ」と納得してくれたのです。その間、我々はとてつもなく大きな投資をし続けましたが。

我々が持っているのは、半導体というハードウエアだけではありません。自動運転を実現するソフトウエアや開発環境も用意できます。実際に自動運転車を実現できる「スキル」を持つことができました。そして、ゆっくりではありますが、1社1社、「一緒に自動運転車を作る挑戦をしたい」と言ってくれるパートナーが増えていったのです。

そして、今では多くの自動運転車のプロトタイプに当社のデバイスが搭載されています。

▼専従チームが日系メーカーと商談

——パートナーとして、日本の自動車メーカーをどうご覧になっていますか。

ファン：日本の自動車産業は、間違いなく世界で最も重要だと考えています。

——それは、なぜ？

ファン：高級車メーカーと違い、日本の自動車メーカーは高級車から大衆車までをカバーしている。つまり、社会の多くの部分にリーチしようとしたら、我々は日本メーカーとパートナーにならなければならないわけです。日本メーカーは世界中の顧客を相手にしていて、顧客からの期待も非常に高い。

ただし、その分、日本メーカーはハードルが高い。安全と品質を重視していて、テクノロジーが非常に優れていないと、日本メーカーが採用するのは難しいからです。

――自動車に関して、次に内部構造の質問をさせてください。クルマの中には、ECUと呼ばれる車載コンピューターが数十個程度、載っています。並列演算が得意なエヌビディアのGPU（画像処理半導体）が実際にクルマに搭載されるようになると、コンピューターの数はどうなりますか。

ファン：これは非常にいい質問ですね。私は、1～4つで収まると見ています。それでいて、現状のECUの1万倍のパワーを持つことになるでしょう。自動運転にはそれだけのパワーが必要です。

――つまり、自動運転という機能だけではなく、クルマの内部構造もがらりと変わる。

ファン：その通りです。さらに重要なのはソフトウエアの進化でしょう。クルマには300程度の小型ソフトウエアが搭載されていますが、将来的には1つになる。大型のソフトウエアが取って代わります。

携帯電話（スマートフォン）と同じでしょう。現在はほとんどソフトウエア側で制御しています。

電話は昔、通話機能を持つ「ただの電話」でした。現在のクルマはエンジンとタイヤで成り立つ「ただの自動車」でしょう。将来、クルマはソフトウエアになります。電話で起きたこと、テレビで起きたことと同じことが自動車の世界でも起こります。

▼ライバルは「びっくりする産業から」

――それは産業構造が変わることを意味しませんか？　半導体やソフトウエアが付加価値を決める時代になった。同様のことがクルマでも起きる？

ファン：ある程度はイエス。ただ完全にそうはならないでしょうね。

――携帯電話とクルマは違うと。

ファン：もちろん、半導体とソフトウエアは非常に重要な部分を握ります。ただし、電話と違っ

2017年、当時建設中だった新本社の建設現場を案内するファン氏（写真：林幸一郎）

て、クルマの場合はハードウエアの比率が高いでしょう。工業デザイン的な要素がまだまだ残る。いかに美しいか、いかに居心地がいいか。将来、クルマは居場所、リビングルーム、書斎、娯楽室になりますから。

クルマというものが、A地点からB地点に行くための手段ではなくて、「いたい場所」に変わる。だからこそ、自動車産業の将来というのは、自動車メーカーにとって非常にエキサイティングだと思います。現在の携帯電話は、昔の電話と比べて100倍豊かでしょう。クルマもきっとそうなります。

――ファンさんのお話を聞いていると、自動車メーカーと半導体、ソフトウエア

業界の協業が加速度的に進みそうです。「協業の時代」に、エヌビディアのライバルになるのはどこでしょう。

ファン：長期的に、極めて多くの会社がクルマ向けの半導体を売ることになるでしょう。あらゆる産業が車載分野を狙うはずです。我々のライバルはびっくりするような産業から現れるのではないかと考えています。その相手が最も手強いでしょう。

エヌビディアはもともとグラフィックの会社でした。それがAIのリーダーになり、自動運転車を開発するなんて誰が想像したでしょう。そのような存在が、また現れるはずです。

――エヌビディアのGPUはゲームやスーパーコンピューターの世界でシェアも高く、世界的に有名でした。そのGPUが、AI、特にディープラーニング用で力を発揮すると気付いた。ただし、「気付く」のと「ビジネスにする」のとでは大きな違いがあります。

ファン：5年ほど前、エヌビディアは米国のスタンフォード大学などと、グーグルの初期ブレインプロジェクトに参加しました。このプロジェクトで、AIにおけるGPUの可能性をエヌビディアの全社員が認識したのです。ディープラーニングを進化させるのはGPUだと。

ただ、後から考えると、これは必然だと分かりました。

私たち人間の頭脳は世界一の並列コンピューターなんです。見て、聞いて、匂いを嗅いで、考えて……ということを同時にできる。しかも、異なる考えを頭の中で同時進行させることができる。

一方で、GPUはコンピューターグラフィックスのために生まれました。世界で最も並列演算が得意な半導体です。

ここで、人間の思考というものを考えてみましょう。思考すると、人間は心の中にイメージを作ります。「メンタルイメージ」という言葉がそれを表しているでしょう。「赤のフェラーリ」を想像する時、頭の中でそのイメージを作っているわけですから。つまり、思考していると、我々は脳の中、あるいは心の中でグラフィックスを描いているとも言える。そう考えると、思考というのはコンピューターグラフィックスと似ていると考えることができます。

――なるほど。

ファン：だから、グラフィックに最適化されたGPUが、人間の脳を模したディープラーニングに向いているというのは必然なんですよ。

我々はそこで深く考えました。このディープラーニングという手法は、単に新しいアルゴリズムではない。ソフトウエアの開発を革命的に変え得るものであると。全く新しいコンピューターへのアプローチなのだと。過去50年間で全く解決できなかった多くの問題を解決できるものだと。

興奮しましたよ。この事実に気付いた時は。そこから、全社でディープラーニングを追求する方向に動いたわけです。

▼動き出して1年で数千人のチームに

――革命的だと気付いてから、ファンCEOが投資を決断するまでの時間は。

ファン：すぐですよ。ディープラーニングは新しいアプローチですからね。GPUのアーキテクチャーからコンピューターシステムのアーキテクチャー、演算のアルゴリズム、ソフトウエアの開発ツール、その使い方、ノウハウまで、その全てを変えなければなりません。

ですから私はエンジニアたちに「全員がディープラーニングを学んでくれ」と伝えたのです。すぐに大勢のエンジニアが私の声がけに賛同してくれました。最初は数十人でチームを作りましたが、半年後には数百人になりました。そして1年後には、数千人のチームになりました。そして発見から5年ほどたった今、エヌビディアは全員がAI関連の仕事をしています。

――1年で数千人……。

ファン：それを可能にしたのはエヌビディアという企業の風土かもしれません。新しいものを学ぶことが好きなエンジニアがそろっていて、企業の伝統に対しても挑戦的であるのが当社だからです。

私には4つの戦略がありました。1つは、先ほどお伝えしたアーキテクチャーです。ディープラーニング向けに製品を丸ごと作り直したのです。

2つ目の戦略は、ディープラーニング向けに作り変えた製品を、AIのプラットフォームにすること。そのために、「GeForce TITAN（ジーフォース タイタン）」シリーズという製品を開発しました。比較的安価で、どの企業でも導入できるようにしようと。つまり、世界中でもどこでも誰でも使えるものが必要だと思ったのです。

製品だけではなく、ソフトウエアもそうです。自前でディープラーニング向けのソフトウエアを組み込んだGPUを世界中で展開しました。このGPUを、米国のHPやデル、シスコシステムズが導入しました。

そして、我々はそのソフトウエアをクラウド上でも展開できるようにした。それを、米国のアマゾン・ドット・コム、マイクロソフト、グーグル、IBMが活用し始めたのです。中国の阿里巴巴集団（アリババ・グループ・ホールディング）も、百度（バイドゥ）もそうです。我々のGPUにどこからでもアクセスできるようになったわけです。
戦略の3つ目はエコシステムを作ること。当社にAIラボというプログラムを設け、世界中のAI研究者を支援することを決めました。米国のスタンフォード大学、カリフォルニア大学、ハーバード大学、英国のオックスフォード大学、東京大学など世界中の大学を今では支援しています。
ベンチャー企業もそうです。世界で2000社をサポートしています。日本のプリファードネットワークスもその1社です。我々のテクノロジーをベンチャーに提供し、アイデアを共有し、AI関連企業が1日でも早く成長する支援をしています。

――それが結果的に市場を早く広げる。

ファン：結果的にはそうなるでしょう。
そして最後の4つ目の戦略は、我々がAIの活用に自ら取り組んでいくことです。非常に難しい問題、AIがなくては解決できない問題を探しました。その1つが、自動運転だったわけです。お分かりかと思いますが、4つの戦略を実行するには莫大な投資が必要でした。

――そこまで投資をする決断をすぐにできたのは、なぜでしょう。

ファン：千載一遇のチャンスだったからですよ。

――チャンスだと思っても、すぐに決断できるかどうか……。

ファン：その通りで、人間はいくらでもチャンスに遭遇します。企業もそうです。コンスタントに、絶えず出合っていると言ってもいい。

▼チャンスを摑むには〝犠牲〟が必要

それを手繰り寄せるためには何が必要か。まず常にチャンスに対して神経を尖らせておくということ。そして思慮深くあること。そして、準備体制をいつも整えておくこと。この3つが必要でしょうね。

しかし、一番大事なのは意志でしょう。なぜなら、チャンスを摑むには〝犠牲〟が必要ですから。

――その3つの条件は、経営陣だけが備えていればいいものでしょうか。それとも、エンジニアも？

ファン：企業を長期的に成功させるためには、今言った3つの心構えを全社的に保つ必要があります。それはエンジニアだけではありません。なぜなら、技術的な要素だけがチャンスとして訪れるわけではないから。時には市場で遭遇することもある。取引先からの情報がチャンスになることもある。

ただ、そのチャンスをチャンスとして認識して企業を変革するのは、CEOの責任でしょう。なぜなら、先ほどもお伝えした通り、犠牲を伴うからです。

▼卓球台を囲んだベンチャー時代と変わらないこと

——では、エヌビディアがAIにフォーカスしたことで犠牲になったものとは?

ファン：企業として投資できる総額には限界がありますから、AIへの投資を増やせば既存事業が手薄になる。また、別の新規事業としてフォーカスしていたものを緩める必要も出てきます。他のチャンスは諦めたということです。例えば、我々はスマートフォン向けのビジネスをもっと追求することができた。あるいは、ゲーム機とタブレットを開発するチャンスもあった。でも、それらからは1歩引きました。多くのビジネスチャンスを失いました。けれど、その犠牲によってAIにフォーカスすることができた。

業績も犠牲にしました。短期的なチャンスを失いましたからね。ただ、業績で苦労するのはせいぜい数年だと予測していました。それに対し、AIがもたらす恩恵はすさまじい。一生に一度のチャンスですよ。絶対にフォーカスしなければならないと思いました。

――犠牲を払うからこそ、意思決定は難しくなる。エヌビディアの意思決定の仕組みを教えてください。

ファン：まず、私の直属として二十数人の部下が働いています。彼らは全員がリーダーシップと優れたインスピレーションを持ち、そして優先順位が私と基本的に一致しています。

もちろん違うこともある。その調整こそが私の仕事なのです。その時の考え方はこうです。「エヌビディアがやりたいこと」ではなく「エヌビディアがやるべきこと」を選ぶのです。

組織は完全にフラットで、階層はほとんどありません。私の仕事は経営することではなく、リーダーであることです。リーダーであることで、エヌビディアにいる素晴らしい才能を持つ人材が才能を十分に発揮できるようになるのです。

――約20年前にファンCEOがエヌビディアを創業した時と同じように見えます。少人数で卓

球台を囲んで食事していた当時と。

ファン：面白いことを言いますね。だって、まだ直属の部下は二十数人（注：現在幹部は60人）のですから、当時と何も変わっていませんよ（笑）。

コラム①

エヌビディアを導くジェンスン・ファン語録

エヌビディアの創業者であり30年以上にわたって最高経営責任者（CEO）を務めてきたジェンスン・ファン氏は、その語り口と情熱で人々を魅了する稀代のストーリーテラーでもある。近年でも、ChatGPT以降の世界を「iPhoneモーメント」と呼ぶなど、キャッチーな言葉がメディアを賑わせる。ファン氏のこれまでの「語録」から、彼の人生観や経営観が浮かび上がってくる。珠玉のジェンスン・ファン語録を紹介する。

もう一度起業しろと言われたら、絶対にやらない。

（2023年10月、ポッドキャスト番組「アクワイヤード」）

ジェンスン・ファン氏の起業に対する考え方が垣間見える発言。米国のポッドキャスト番組「アクワイヤード」で、「魔法によって30歳に戻り、親友2人とデニーズに行って会社を立ち上げようという話をするとしたら、どんな会社を立ち上げますか？」と聞かれた時の返答だ。ファン氏は30歳で当時勤めていたLSIロジックを辞め、友人2人とエヌビディアを立ち上げた。
ファン氏はこの質問に対して即座に首を横に振り、「会社を設立することは、私たちの誰もが予想していたよりも100万倍難しいことだった。あの時、もし私たちが（起業後の）痛みや苦しみ、耐えなければならない課題、羞恥心などのリストを理解していたら、誰も会社を始めなかっただろう。まともな人なら誰もやらない」と返答した。
ファン氏は、起業後に待っている数多の壁を知らずにスタートアップの世界に飛び込めるのが「起業家の超能力である」と説明する。ある種の無知こそが起業家にとって重要な要素であり、それらを知り尽くした今の段階でもう一度、起業することの難しさを説いている。逆に、連続起業家へのリスペクトが感じられる言葉でもある。

私たちは顧客がゼロの市場を選んできました。「ゼロビリオンダラーマーケット」です。

（2024年6月、米カリフォルニア工科大学の卒業式での講演）

ファン氏の経営哲学を象徴する言葉だ。直訳は「ゼロ億ドルの市場」。単に市場がないことを意味するのではなく、開拓すれば将来的に数億ドル、数十億ドルの市場になることを含意しており、日本語では「まだ見ぬ巨大市場」と訳したほうが適当か。ファン氏は、既にニーズがある市場に投資するのではなく、時代の先を読むことの必要性を説く。

2024年6月に招かれた米カリフォルニア工科大学の卒業式では、エヌビディアの軌跡は常にゼロビリオンダラーマーケットとともにあったと振り返った。同社の最初の製品である3次元グラフィックカードも、その延長線上にあるGPU（画像処理半導体）も、基本的に同社が市場そのものを切り拓いた。グラフィック関連のタスクをCPU（中央演算処理装置）ではなく別のチップで担当して処理を高速化させるという「アクセラレーテッド・コンピューティング」は今日のAI（人工知能）チップの基本的なコンセプトだが、2000年代には米インテルも米アドバンスト・マイクロ・デバイセズ（AMD）も全く興味を示さなかった。

逆に言えば、競合がひしめき製品が低価格化したコモディティー市場を避けようというファン氏の意思でもある。スマートフォン向けのチップなどで苦い経験をしたエヌビディアが今後、コモディティー市場に参入する可能性は低そうだ。ファン氏は何度も「私たちは自らコモディティー市場から撤退したのだ」と繰り返している。

では、次なるゼロビリオンダラーマーケットは何か。先の卒業式の講演で、ファン氏は「ロボット」を挙げている。エヌビディアのロボット戦略については6章で詳述している。

今はAIにとっての「iPhoneモーメント」なのです。

（2023年2月、カリフォルニア大学バークレー校ビジネススクールでの講演）

講演の質疑応答で、学生からChatGPTの感想を聞かれ、AIが産業全体にどんなインパクトを与えるのかを解説する中で出た発言。ChatGPTが登場して3カ月強だが、既に米国では大きなブームになっていた。

「iPhoneモーメント（iPhoneの瞬間）」とは、2007年に米アップルが初代iPhoneを発表し、その後、携帯業界だけでなくスマートフォンを通じて様々なアプリケーションが登場して産業全体を大きく変えた様を指す。ファン氏はこの言葉に、AIが単なる技術を超え、産業や社会全体の在り方を変えることを含意させていると見られる。

ファン氏はこの講演以降、iPhoneモーメントいうフレーズを様々な場面で用いている。例えば2023年5月に台湾で開かれたコンピューターの見本市「コンピューテックス」では、「生成AIの登場でコンピューターの使い方が抜本的に変わる」「AIが世界をプログラムする新たな手法によって、あらゆる産業がAIを活用する時代が始まる」として、iPhoneモーメントに匹敵する大きな変換点になると強調した。

アップルはiPhoneによってスマホ市場で高いシェアを持ち、強固な生態系（エコシステム）を作り上げた。ファン氏の発言は、エヌビディアの技術がAI時代の中心的なプラットフォームになることを示唆しているようにも聞こえる。

ミッション・イズ・ユア・ボス

（ジェンスン・ファン氏が考案したエヌビディアのポリシーの1つ）

直訳は「あなたの上司は使命だ」。ミッションを達成するために行動することがエヌビディアの組織文化になっている。2章で解説したように、同社の組織にリポートラインはあるものの、正式な組織図がない。プロジェクトが立ち上がると異なる部署から人が集まり、バーチャルなチームが生まれる。マネジメントの定石からすると複数の異なるチームは労務管理を複雑にするが、「ミッションがボスである」という文化が彼らの働き方を支えている。組織に壁はなく、問題解決などのミッションを遂行するために各自、何ができるかを考えて行動するというシンプルな原則だ。

企業の人事制度に詳しい京都大学経営管理大学院特命教授の鵜澤慎一郎氏は、「エヌビディアは半導体メーカーではあるが人事面ではコンサルティング企業に近い」と解説する。コンサルタントが案件ごとにチームを組むように、専門性の高い人材がそれぞれの分野の知見を持ち寄ってプロジェクトチームを形成する。
ＡＩの需要を先取りして準備できたのも、この組織文化の存在が大きい。経営者が「明日から全員がＡＩを学んでほしい」と伝えたとしても、ミッションに従って行動することに対する土壌がなければ従業員は即行動に移せない。ファン氏のリーダーシップもさることながら、ミッションこそが上司であるという行動原理が、エヌビディアの迅速な事業転換を促している。

私の仕事は経営することではなく、リーダーであることです。

（２０１７年４月、筆者によるインタビュー）

ファン氏のリーダーシップに関する考え方を端的に示した言葉だ。筆者が２０１７年４月に米シリコンバレーの本社でインタビューした際、エヌビディアの意思決定の仕組みについてこう答えた。当時は二十数人がＣＥＯ直属の幹部だった。「組織は完全にフラットで、階層はほとんどありません。私の仕事は経営することではなく、リーダーであることです。リーダーであることで、エヌビディアにいる素晴らしい才能を持つ人材が才能を十分に発揮できるようになるのです」

ＣＥＯ直属の幹部が60人に増えた今でも、エヌビディアの意思決定の仕組みは変わっていない。組織の階層をなるべく少なくして情報の「伝言ゲーム」を防ぎ、独自の報告ルールで社員が向いている方向を確認する。市場の動きを敏感に察知して、ファン氏が最終的に意思決定をする。

ファン氏は2024年3月に米スタンフォード大学で行った講演でもリーダーシップについての持論を述べている。「偉大さとは知性ではない。偉大さとはキャラクターである」。リーダーであるためには知識や知性だけでなく、人間性や人格、倫理観、誠実さ、他者への共感が必要であることを強調した。

エヌビディアのコアバリューは「選択すること」です。

（2023年10月、コロンビア大学ビジネススクールでの講演）

エヌビディアの根源にある「選択」についての発言。3章で見たように、エヌビディアの歴史は選択の連続だった。セガの新型ゲーム機に採用するはずだったグラフィックス・チップの仕様が傍流になることが決定的になった時、ファン氏はその設計を全て捨てることを選択した。AIを「ゼロミリオンダラーマーケット」と信じ、スマートフォンやゲーム機のビジネスを捨てて経営資源を全て投入した。こうした1つひとつの選択がエヌビディアの核であるとファン氏は言う。
では、その選択を後押ししているものは何か。同じ講演の中でファン氏は、2つの要素を挙げている。1つは、「それが前例のないことか」「途方もなく難しいことか」を吟味すること。「なぜ難しいことを選ぶのか。簡単にできることは明らかに競争が激しい。難しいこと自体が、それだけで多くの人を遠ざける。最も長く苦しむ覚悟のある人が勝つ。苦しむことができる人が最も成功する人だ」と述べている。もう1つは、「自分がやるべき運命にあるもの」だという。自分の専門知識や性格、自分のチームのポテンシャルを考えて、自分にしかできないことを選択するという考え方だ。
選択の結果として、ファン氏はこうも述べている。「その結果、我々は自然にコモディティー市場から自らを淘汰しました。素晴らしい市場を選んだ結果、素晴らしい人材が当社に集まるようになった」

AIが皆さんの仕事を奪うわけではありません。AIを使った人間が皆さんの仕事を奪うのです。

（2023年10月、米コロンビア大学ビジネススクール主催のイベントで）

ファン氏の「AI観」を表しているフレーズだ。2023年3月に米投資銀行のゴールドマン・サックスが「世界で3億人のフルタイムワーカーの仕事がAIで代替される」とするリポートをまとめるなど、イベントが開かれた2023年は人間とAIの競争が活発に議論されていた。「AIは我々の日常生活にどんな影響を与えると思うか」との問いに、AIは仕事を奪わないとした上で「AIをできるだけ早く活用して雇用を維持すべきだ」と訴えた。その実例として、エヌビディア自身が半導体の設計や開発にAIを活用することで生産性を高めているとし、既にAIなしでは設計も最適化もできないと説明した。

ファン氏は「生産性が向上した企業が次にすることは何でしょうか？　レイオフ（一時解雇）か雇用か。生産性を高めて収益が増加した企業の例を見れば明らかで、収益が改善すれば多くの人を雇用するようになります」と解説。AIが結果として企業の雇用を増やすことになると強調した。

AIの専門家やAI関連企業の経営者の中でも、AIが雇用を奪うか創出するかについての意見は割れている。例えば米テスラのイーロン・マスク氏は「AIが全ての仕事を奪う」として慎重な議論を求めている。冒頭のゴールドマン・サックスのリポートは、3億人分の仕事を奪う一方で、新たな仕事を生み出すとも予測している。同社によれば、現代の労働者の約60%は1940年代には存在しなかった職業に就いている。AIが既存の仕事を代替する一方で、新たな仕事が生まれる。AIによって人間の仕事が刻々と変わるのは間違いなさそうだ。

期待値が高すぎる人たちは、とても打たれ弱い。

（2024年3月、米スタンフォード大学ビジネススクールが開催した対談で）

成功するための条件についてファン氏が語った言葉。スタンフォード大学の学生を前に「君たちは（自分たちの挑戦に）とても高い期待値を持っているだろう。当然だ。いい高校を卒業し、成績も優秀だったはず。そして、地球上で最も優れた教育機関を卒業する。期待値もおのずと上がるはずだ」とした上で、その耐性の低さを懸念した。

ファン氏は英語でのコミュニケーションが不自由な中、9歳で親元を離れて渡米。エヌビディアを起業してからも数年間は破綻の寸前まで追い込まれた（詳細は3章）。そうした苦労が成功の糧になったとファン氏は言う。

成功するには打たれ強さが必要だと説き、「どうやって教えればいいか分からないが、『苦労する機会』に恵まれてほしい。僕は幸運なことにその環境を両親から与えてもらった。今でも仕事における苦労や挫折は喜ぶべきことだと心から思っている」として、ビジネススクールでの対談を「君たちにたくさんの苦悩あれ」と締めくくった。

CHAPTER

4

技術編

GPUとCUDA、ハードとソフトで築いた牙城

エヌビディアの強さの源泉である2つのテクノロジー、「GPU（画像処理半導体）」と「CUDA」について解説する。GPUはなぜAI（人工知能）半導体として最強なのか。そして、ソフトウエア開発環境CUDAはどんな技術なのか。同社が「灯台戦略」と呼ぶ生態系づくりによって、GPU＝ハードとCUDA＝ソフトの双璧が築かれた。改めて、エヌビディアの技術的優位性を徹底的に深掘りする。

GPUをゲームから「解放」する賭け

2006年、エヌビディアはその後の針路を示す決定的な一手を打った。ソフトウエア開発環境「CUDA（クーダ）」のリリースである。GPU（画像処理半導体）とCUDAという両輪がそろい、今日の最強エヌビディアを形作る土台が出来上がった。本章では、技術的な観点からその強みを解説しよう。

前章で見たように、1999年に世界初のGPU「GeForce（ジーフォース）256」を世に出したエヌビディア。2度の危機的状況からようやく抜け出したジェンスン・ファン最高経営責任者（CEO）は、1つの野望を持っていた。それは、GPUをゲームのグラフィックスから解放し、より広い領域に応用しようとする大きなビジョンだった。

こう考えるようになった背景は、2000年代頭から実用化が始まった「プログラマブルシェーダー」にある。GPUが描写するグラフィックスの処理の一部をプログラム可能にする技術で、前章でも登場した米マイクロソフトの「ダイレクトX」が採用したものだった。この技術によって、ゲーム以外の計算処理のためにGPUを利用する「GPUプロググラミング」の機運が高まろうとしていた。汎用GPUを意味する「GPGPU（General Purpose GPU)」の考え方もこの頃から生まれていく。エヌビディアはこの流れの中で、2002年にグラフィックス向けのC言語である「Cg」を公開している。

ファン氏はこの頃、国立台湾大学で衝撃的な体験をしたと何度も語っている。量子化学の研究者が研究室のクローゼットを開けると、そこにはジーフォースのグラフィックカードがずらりと並べられていた。「自分専用のスーパーコンピューターを作ったんだ」とその研究者はファン氏に説明した。複雑な並列計算にゲーム用チップを利用するという事例は、台湾だけでなく世界中で見られたという。GPUの性能が向上するにつれて、グラフィックス描写のために培ってきた計算能力が、自然科学などの複雑なシミュレーションに役立つことに科学者たちは気付き始めていた。AI（人工知能）でも見られた「研究者による再発明」がこの時も見られたのである。

余談になるが、GPUをプログラマブルシェーダーに対応させるには高い技術が必要だったため、1990年代半ばには少なくとも数十社存在したGPUメーカーは次々に淘汰されることになった。高性能GPUをウリとしていた米ナンバーナインは1999年に経営破綻、PC向けグラフィックスチップの雄だった米3dfxはエヌビディアに

2000年に買収された。米S3グラフィックスも同じく2000年にGPU事業から撤退し社名を変更。その後、2003年に破綻した。2000年代半ばには、エヌビディアとカナダのATIテクノロジー（アドバンスト・マイクロ・デバイセズ＝AMDが2006年に買収）の一騎打ちになっていく。

淘汰の波を生き抜いたエヌビディアが構想していたのが、「プラットフォーマー」になることだった。GPUというハードウエアで競争優位性があったところで、これまでのようにソフトウエアの仕様で振り回されるのはごめんだ。GPUプログラミングの時代に、自らが業界を主導するプレーヤーになる必要があった。

2006年11月、エヌビディアは満を持してCUDAを発表。翌2007年に一般公開した。CUDAとは、GPUがグラフィックスを描写するために構築してきた計算能力を、自然科学をはじめとする汎用的な用途に拡張するため、プログラムの作成などに利用する開発者向けの環境を指す。GPUを画像処理だけでなく並列処理全般に広げるというエヌビディアの野心的なプラットフォームだった。

2008年、当時エヌビディアでチーフ・サイエンティストを務めていたデビッド・カーク氏は日経エレクトロニクスの取材にこう答えている。「かつては数億ドルもしたスーパーコンピューターだけが備えていた並列計算を、誰もが買える時代になった。いわば『並列コンピューターの大衆化』が始まった。教育や科学に並列の技術を広げるためにGPUが貢献できる時代が来た。その開発環境として、我々の『CUDA』を利用してほしい」

その機能は後述するとして、なぜCUDAがこの分野で主流になったのかを先に解説しよう。そこにはマイクロソフト、アップルとの戦いにおけるエヌビディアのしたたかさがあった。

アップルがエヌビディアに負けたワケ

マイクロソフトがグラフィック向けのプログラムである「ダイレクトX」を1995年に公開し、これが三角形を最小単位とする手法しかサポートしていなかったため、エヌビディアが窮地に立たされたことは3章で述べた。一方のマイクロソフトにとっても、ダイレクトXは危機感の表れでもあった。当時、ゲーム開発者たちはウィンドウズ95よりも従来のMS-DOS（ウィンドウズ以前のマイクロソフトの基本ソフト）を好んでおり、ウィンドウズ用のゲーム開発キットによって開発者をつなぎ止めることは、マイクロソフト社内で喫緊の課題だった。

それまで、ゲーム用のグラフィックスプログラミングのライブラリとして標準とされていたのは「ＯｐｅｎＧＬ」だった。もともとは米シリコングラフィックスが開発したものだが、米ヒューレットパッカードや米サン・マイクロシステムズ（現オラクル）のワークステーション、さらにウィンドウズやマッキントッシュでも使用できるマルチプラットフォームとして広い支持を集めていた。特定のベンダーやプラットフォームに依存しない「オープン・スタンダード」であることも魅力だった。

ＯｐｅｎＧＬが存在する状況で、マイクロソフトはグラフィックスＡＰＩとしてダイレクトXを発表。自社のみを利する戦略にゲーム開発者や同業他社からは批判の声も上がった。ただ、ウィンドウズの圧倒的な人気を背景に、ダイレクトXは急激にシェアを伸ばし、ＯｐｅｎＧＬと2大グラフィックＡＰＩとして君臨することになる。

ＣＵＤＡはこの文脈で、「第3の開発環境」として登場した。ファン氏は言及していないが、ダイレクトXに敗北した過去の経験からも、ＣＵＤＡには期するところがあったに違いない。開発環境を自ら提供することで、ハードウエアメーカーからプラットフォーマーになろうとする企てだった。

もっとも、OpenGLとダイレクトXがグラフィックス、特にゲーム用途だったのに対して、CUDAは前述の通りGPUの汎用化を目的としたもので、そこまで直接的に競合するわけではなかった。研究者たちは、主に自然科学の計算向けにCUDAを利用しようとした。

GPUがグラフィックスの枠を超えて利用されるようになった2008年、新たな動きが起こる。米アップルが6月、次期OSで新たなプラットフォームである「OpenCL」をサポートすると唐突に発表したのだった。

アップルが急いだ背景には、CPUやGPUなど種類の違う半導体を混ぜて搭載するコンピューターが急増していたことがあった（当時はヘテロジニアス・コンピューティングと呼ばれた）。一方で、エヌビディアは前述の通りCUDAを、同様にGPUを提供するAMDは別のプラットフォームを公開しており、それぞれに互換性がない。つまり、CUDAで開発したソフトウエアはAMDのGPUでは動かないし、その逆もしかりだ。この状況で割を食うのはアプリケーションを開発するソフトウエアエンジニアである。半導体ごとに違う開発環境があり、それぞれ違うスキルを学ばなければならないからだ。「プロセッサーそのものの性能ではなく、プログラミング・モデルを含めたマーケティングの巧拙で選ばれるという不健全な競争だった」。AMDでOpenCLに関わったマイク・ヒューストン氏は当時、こう語っていた。

アップルにとってもこの状況は問題だった。確かに汎用計算が可能なGPUは魅力だ。しかしプラットフォームがそれぞれ閉じていては、将来のハードウエアの選択肢が狭まってしまう。そこでアップルはインテル、AMD、エヌビディアというGPUメーカーに声をかけ、マルチベンダーで利用できるプラットフォームの開発を始めた。それがOpenCLだった。オープン・スタンダードとし、OpenGLの管理者でもある標準化団体、米クロノス・グループにアップルが仕様を提案し、承認された。

アップルが音頭を取り、半導体大手3社が開発に協力。そして標準化団体であるクロノスが仕様を承認したとなれば、将来のスタンダードになるのは目に見えていた。GPUを使った自然科学の複雑な計算処理にはOpenCLが事実上の標準になる。多くの業界関係者はそう考えていた。

しかし、結果としてそうはならなかった。理由は2つある。

1つはCUDAの知名度が急速に広がったことだ。エヌビディアは汎用GPUの普及に

東京工業大学（現在の東京科学大学）が2008年に開発したスーパーコンピューター「TSUBAME」。中央の黒いユニットがエヌビディア製GPU。当時のアーキテクチャーは「Tesla」
（写真：日経パソコン）

向け、名だたる大学への普及活動に相当なリソースを使っていた。日本でも東京大学や東京工業大学（現在の東京科学大学）などにファン氏自ら足しげく通った。

「私たちの技術はあなたの研究にきっと役立つはずだ」。真摯に訴えるファン氏とGPUやCUDAの性能に魅せられ、導入を決めた研究者は少なくない。「ジェンスンの話を聞くと、研究者の目の色が変わった。それくらい彼の情熱と語り口は魅力的だった」。当時の大学への普及活動を知るエヌビディア関係者はこう振り返る。

2008年にはエヌビディア製GPUを搭載した東工大のスーパーコンピュー

ター「TSUBAME」がスパコンの世界ランキング「Top500」で29位に入るなど、エヌビディアによる「GPUプログラミング」は着実な成果を挙げていた。東工大でTSUBAMEの開発を担当していた松岡聡教授（当時）は、「CUDAのようなプログラマブルなGPU（のソフトウエア）が出てきてうまくいった」と語っている。

もう1つは、OpenGL側の問題だ。エヌビディアでロボティクスを担当するディープゥ・タッラ副社長は「OpenGLには技術開発を推進する船頭役がいなかった」と分析する。エヌビディアがCUDAをビジネスの中核と捉えて最新のライブラリやサービスを次々に追加していくのに対し、オープン・スタンダードであり直接的にもうけを生むわけではないOpenGLの動きは確かに遅かった。OpenGL関係者は「アップルにとってメリットは大きくなかった。彼らは多大なリソースを割いてまでOpenGLを標準にしようとは思っていなかった」と打ち明ける。その後、アップルは2018年、MacOS「Mojave」のリリースに際して、OpenGLを非推奨にすると発表している。アップルによる事実上のはしご外しだった。

決定的だったのは2012年に登場した「アレックスネット」だろう。2章でも触れた通り、2024年のノーベル物理学賞を受賞したジェフリー・ヒントン氏や米オープンA

I共同創業者のイリヤ・サツキバー氏などのチームが、たった2基のエヌビディア製GPUを使ってAI画像認識コンテストで優勝。2位に大差を付けた圧倒的な勝利だった。当然、ヒントン教授のチームも開発環境としてCUDAを利用している。これがエヌビディアをAI企業に変身させるきっかけになったことは前述の通りだ。

CUDAがもたらした正のスパイラル

次に、CUDAの基本的な機能と強みについて説明していこう。CUDAは前述の通り、GPUの計算能力を汎用的に活用できるようにする開発環境で、既存のプログラミング言語である「C言語」に2つの拡張を加えたものだ。1つは、CPU（中央演算処理装置）とGPUの間でデータを転送する機能を備えたこと。もう1つは、単純な繰り返し命令をGPUが得意な並列処理に置き換える機能を持つこと。この基本機能によって、複雑な並列タスクをGPUに最適化できるようになった。GPUの強みである大規模並列性を効率的に処理できたり、GPUの計算能力を最大限に引き出すための最適化技術が盛り込まれていたりする。

加えて、多様なツール群もＣＵＤＡの特徴であり、開発者にとって大きなメリットになっている。代表的なツールとしてＣＵＤＡライブラリを紹介しよう。ＣＵＤＡには様々な専門分野に特化したライブラリが存在する。ライブラリとは、参考になるプログラムの部品が詰まった道具箱のようなものだ。プログラムコードを書こうとする場合、ゼロから書くのではなく、先人たちの知恵を部品として借りることができる。

ＡＩ関連では「ＣＵＤＡ－Ｘ」の中にＡＩに特化したライブラリがある。データ処理や機械学習などそれぞれの段階に応じて必要なツール群がライブラリの中に格納されている。例えば、エヌビディアが初めてディープラーニング用のツールとして公開した「ｃｕＤＮＮ」もこのライブラリに含まれている。ｃｕＤＮＮはＡＩの学習と推論を高速化する、開発者に必須のライブラリとして知られる。

しかも、これらのツールはＡＷＳやマイクロソフトのアジュール、グーグルのグーグルクラウドなど、主要クラウドプラットフォームの一部として利用できるほか、人気のフレームワークであるパイトーチやテンサーフローとも統合されている。いつでもどこでも利用できるわけだ。いまや、開発者は「エヌビディアのＣＵＤＡ」として意識的に使うというより、自分が普段使っている環境に統合された1つのツールとして間接的にCUDAを利用していると言ったほうが正しい。パイトーチを利用してコードを書けば、CUDAを通して自動的にGPUが動作するからだ。現在、CUDAで直接コードを書くエンジニアはほとんどいない。

CUDAのもう1つの特徴はクローズドソースであり、エヌビディア製GPUにしか対応しないという点にある。これが同社の強力な生態系の源泉である。「ソフトウエアとしての資産がCUDAに集まっている。これを崩すのは容易ではない」。コンサルティング会社、グロスバーグ代表で半導体アナリストの大山聡氏はこう解説する。開発者からすると、①高性能なエヌビディアのGPUを使いたい、②GPUを動かすにはCUDAが便利、③CUDAを利用する開発者が増えるとナレッジが溜まる、④ナレッジがライブラリとして蓄積される、⑤結果としてCUDAがさらに強くなる、という正のスパイラルによって競争優位性がより強まるというカラクリだ。

CUDAでGPUをプログラム可能にし、CUDAをベースとして多数のツールを配置。それを無料で提供する。そのプログラムで動く唯一のGPUを販売するというビジネスモデルについて、ファン氏は「全て意図的だった」と語っている（2022年3月、Cha tGPTの登場前の、有料メールマガジン『Stratechery』での発言)。

プラットフォームビジネスは、製品やサービスの価値がその利用者の数に応じて増加するという「ネットワーク効果」を生みやすい。基本的にネットワーク効果はインターネットを利用した各種サービスで顕著に見られるが、エヌビディアはネットワーク効果がハードウエアにも及ぶことを示したわけだ。

2006年にCUDAを世に出した時、ファン氏の頭に「AI」はまだない。当時は物体や流体、電磁波などの挙動を計算する物理シミュレーションや医療用画像処理、金融分析などのアプリケーションを具体的なGPUの用途として挙げており、当時の資料にAIの文字はない。ただ、CUDAの目的はGPUを「汎用化」することであり、CPUからGPUに特定用途のタスクを解放(オフロード)することで処理を高速化するアクセラレーターチップであることはこの時点で決定的になっていた。CUDAによってGPUは「画像処理半導体」から「アクセラレーターチップ」になったのである。

最強AIチップ「GPU」の秘密

次にGPUについても歴史的・技術的な解説を加えていこう。なぜこのグラフィックス・チップはAIチップとして最強になったのか。

まずはAIの歴史を簡単に振り返る。AIにはこれまで3度のブームがあり、ChatGPT以降は4度目の波と位置付けられている。1回目は1950年代後半~60年代。1956年に開かれた研究発表会である「ダートマス会議」で、初めて「人工知能(Artificial Intelligence)」という言葉が使われた。

当時のAIの手法は、「推論と探索」という言葉で説明される。大まかに言えば、ゴールが決まっている複雑な迷路をより早く解くような手法だ。パズルやチェスなどで効果を発揮したが、「ゴールがない」課題には対応が難しく、現実世界で爆発的にAIが広がることはなかった。あくまでゴールを設定した上で動作する計算機だったわけだ。

2回目の波は1980年代だった。「エキスパートシステム」と呼ばれる手法が注目を集めた。文字通り、専門家(エキスパート)の知識をAIに学ばせ、AならばB、BならばCという論理をたたき込む。感染症の診断で経験の浅い医師よりも診断精度が高くなったとの結果が出たこともあり、2次ブームは企業を巻き込んで一気に加速した。

日本でも、通商産業省（現在の経済産業省）が1982年に「第五世代コンピュータプロジェクト」を開始。500億円以上をつぎ込んで次世代コンピューターの開発を進めた。第一世代は真空管、第二世代はトランジスタ、第三世代はIC（集積回路）、第四世代はLSI（大規模集積回路）で、第五世代がAIを指す。

しかし、この手法も限界が露呈した。AIが正しい判断をするためには、専門家の知識全てをAIに移植する必要があったからだ。知識を教え込もうとすると、その知識そのものに矛盾があったり、「正しさ」をどう担保するかが問題になったりした。その全てをAIに教えることが難しいことが徐々に明らかになり、結局2回目のブームも終焉を迎えることになった。

1次、2次のブームに共通していたのは、AIが決められたルールの限られた枠組み（フレーム）の中でしか機能しなかったこと。これを「フレーム問題」と呼ぶ。

3次ブームが始まったのは2000年代、このフレーム問題を解決する方法が現れたことで勃興した。その糸口がディープラーニングだった。

2次ブームまでと全く違うのは、答えを導くプログラムを人間が書かないこと。ただし、答えの糸口がなければAIがゴールにたどり着くことはない。そこで、「A」という情報が入った時の答えは「X」、「B」という情報では「Y」というデータを大量に与える。すると、AIが勝手に学習して「モデル」をつくり上げていく。これを、機械が自ら学習するので「機械学習」と呼ぶ。

ディープラーニングは、この機械学習の1つ。「ディープ＝深層」と呼ばれるのは、入力した情報から答えを見つけるまでに、何層もの段階を踏むからだ。

例えば、ネコの画像を与えた時に、1層目で画像中の物体の外形線を認識し、2層目で耳や鼻といったモノを、3層目で顔全体を……といった具合に、層が深くなるごとに「正解」にたどり着いていく。人間の神経回路を模して層同士を有機的に結びつけているため、この技術を「ニューラルネットワーク」と呼ぶ。何層ものニューラルネットワークを持つのが、ディープラーニングの特徴だ。

しかし、この仕組みを実用化する際に、2つの大きな課題があった。それが、正確にたどり着くまでモデルを学習させるための「大量のデータ」と、学習のための「高性能なコンピューター」だった。ディープラーニングでは階層が増えれば増えるほど精度は高まる。一方で、演算回数が飛躍的に増えるため、それだけコンピューターの計算能力が必要になる。

「全ては2009年に始まった」。AIデータ分析基盤を提供する注目企業、米データブリックスのアリ・ゴディシCEOは、技術革新の原点をグーグルのエンジニアが2009年に発表したある論文に見いだす。この論文最大の発見は「ビッグデータ」の革新性だ。グーグルの論文は、AIの学習におけるデータの重要性を説いていた。「少ないデータで作られた精緻なモデルは、大量のデータで構築した簡易なモデルに駆逐される」と主張。「データこそ正義」とする論文は、エンジニア界に衝撃を与えた。「ビッグデータの時代になる」。ゴディシCEOはこう直感した。

論文が主張した通り、2009年以降、ビッグデータを扱う環境整備は著しく進んだ。データを管理するシステムの開発が進展し、さらに米スタンフォード大学がAIの学習に使うための画像データベースを公開するなど、AIの学習に使えるデータ構築が相次いだ。

この歴史的な文脈の中で、研究者たちが何より求めていたのが高性能なコンピューターだった。ここで、GPUが脚光を浴びる。CUDAによってプログラミングが可能になったGPUを、世界中の研究者がAIのトレーニング用に「転用」することを思い付いたのだ。例えばグーグルのAI研究部門（グーグル・ブレイン）の創設者であり、当時スタンフォード大学准教授だったアンドリュー・ング氏は、2008年の論文でエヌビディア製のGPUを利用するとAIの処理をCPUの70倍にスピードアップできると報告。「最新のグラフィックス用の半導体はＣＰＵの計算能力をはるかに凌駕しており、ディープラーニングに革命をもたらす可能性を秘めている」とした。

グラフィックスとＡＩの共通点

では、なぜグラフィックス用の半導体がＡＩに向くのか。

「並列処理が得意だから」が最も簡潔な回答なのだが、もう少し技術的に掘り下げてみたい。コンピューターがグラフィックスを描画する処理を考えてみよう。描画はポリゴンと呼ぶ小さな三角形を組み合わせている。人であろうと動物であろうとその背景であろうと、全ての基本単位が三角形のポリゴンだ。三角形を作図するためには、その三角形の頂点がどこに位置しているかを示す「座標」がいる。数学でいうところの「Ｘ軸」「Ｙ軸」「Ｚ軸」があり、それぞれに数値を入れることで頂点が一意に定まる。おびただしい数の座標の集合が三次元グラフィックスの正体だ。次に、描画した物体が動く場合を考えてみよう。それぞれの座標を移動させたり、あるいは回転させたりする必要がある。数値同士の足し算や掛け算などの演算によって、こうした変換・回転処理を実行する。これを行列演算と呼ぶ。

一方で、コンピューターのモニターは平面なので、その計算結果を、実際のモニターのピクセルに落とし込む必要がある。例えば4K（3840×2160ピクセル）と呼ばれるサイズでは約830万の小さなドットで画面が敷き詰められている。これら1つひとつの色を計算しなければならない。

GPUはこうした演算処理を速くするために、演算器を大量に並べて並列的に計算できるようにしている。エヌビディアの主力製品であるGPU「H100」は演算器を1万4592個並べている。これは、先ほどの演算を1万個以上、同時に計算できることを示している。

次にAIについて見てみよう。前述の通り、ディープラーニングとは、ニューラルネットワークの階層が深い＝ディープなのが特徴だ。ネコの画像を与えれば、1層目は外形線、2層目は耳や鼻、3層目で顔全体……といった具合に、層が深くなるごとに精緻になっていく。大量の画像をニューラルネットワークに投入して、どの変数に注目すればよいかを学習させていくわけだ。この変数がAIモデルの「パラメーター」と呼ばれるもので、最新の高性能モデルでは1兆個を超えると言われている。とにかく膨大な計算が必要だ。

この計算は、どの変数にどんな重み付けをするかを決める行列に別の行列を掛けて足し合わせる行列演算で、先ほど解説したグラフィックスの変換・回転処理と同じものだ。つまり、ディープラーニングの計算処理とグラフィックスの計算処理は同じだったのである。ファン氏はこの事実に気づいた当時のことを筆者のインタビューで次のように振り返っていた。

「後から考えると、これは必然だと分かりました。私たち人間の頭脳は世界一の並列コンピューターなんです。見て、聞いて、匂いを嗅いで、考えて……ということを同時にできる。しかも、異なる考えを頭の中で同時進行させることができる。

一方で、GPUはコンピューターグラフィックスのために生まれました。世界で最も並列演算が得意な半導体です。

ここで、人間の思考というものを考えてみましょう。思考すると、人間は心の中にイメージを作ります。『メンタルイメージ』という言葉がそれを表しているでしょう。『赤のフェラーリ』を想像する時、頭の中でそのイメージを作っているわけですから。つまり、思考している時、我々は脳の中でグラフィックを描いているとも言える。そう考えると、思考というのはコンピューターグラフィックスと似ていると考えることができます」

2012年、米グーグルは「ネコを認識するAIを開発した」と発表。1000万枚もの画像を学習させたことで、AIは初めて「ネコという概念」を獲得した。ただし、この時グーグルは、CPUをベースにしたサーバーを1000台使っていた。ところが2013年6月、米スタンフォード大学人工知能研究所がエヌビディアと共同で、GPUを使ったたった3台のサーバーで、グーグルの6・5倍の規模を持つAIのネットワークを構築し、一気に注目を集めた。その後、グーグルもGPUを採用するようになる。

前述したアレックスネットの衝撃的な正答率やグーグル、スタンフォードなどの研究によって、AIにおいてGPUの有用性が世界中に伝わっていった。ファン氏がエヌビディアの経営をAIに振り向け、それまでグラフィックス向けだったGPUをAI向けに作り替えようと決めたのはこの頃だ。社員全員に「ディープラーニングを学んでほしい」と指示している。

2017年にグーグルの研究者が論文でニューラルネットワークの新たな種類である

ブラックウェル世代のGPU。2024年3月に発表した
（出所：エヌビディア）

「トランスフォーマー」を発表すると、AIモデルの大規模化はさらに進んだ。同年、既にオープンAIを創業していたサム・アルトマン氏はグーグル主催のイベントに登壇し、次のように話している。

「今ではデータではなくコンピュートが重要になると考えている。データは確かに大切だが、豊富に手に入るようになるだろう。最先端には膨大なコンピューティングリソース（計算資源）が必要です。以前は『どうやって大量のデータを手に入れるの？』と質問していましたが、今は『どうやってコンピュートを確保するの？』と聞いています」

2016年、エヌビディアはディープ

ラーニング向けGPU「P100」を発売。以来、ほぼ2年おきにAI向けフラッグシップGPUを発売し続けている。エヌビディアでチーフ・サイエンティストを務めるビル・ダリー氏によれば、GPUによるAIの推論速度は主力製品「H100」が発売されるまでの10年間で1000倍になったという。

2024年3月には、新世代GPUアーキテクチャーの「ブラックウェル」を発表。生成AIに特化した設計で、前世代のアーキテクチャーである「ホッパー」に比べて演算性能を大幅に高め、学習や推論を高速化する。最大で10兆パラメーターのAIモデルに対応する。高速化に加えて、電力効率も大幅に高め、AIの学習や推論をより少ない電力で実行できるようになった。例えば、パラメーター数が1兆8000億のAIモデルを学習するケースでは、ホッパー世代のGPUでは、8000個で90日かかり、消費電力は15メガワットになる。一方、ブラックウェル世代のGPUでは、90日間という同じ期間なら2000個で済む。消費電力は4メガワットで7割以上削減できるという。

ブラックウェル世代のGPUは生産の遅れが指摘されていたものの、2024年後半から順次出荷が始まった。2025年前半には各クラウド大手のサービスでも利用できるようになる見込みだ。

市場を席巻できた「もう1つの戦略」

2006年に発表したCUDAと、CUDAによってプログラム可能になったGPU。ソフトとハードの両輪で着実に市場を獲得してきたエヌビディアには、実はもう1つしたたかな戦略があった。それが「生態系（エコシステム）」の構築だ。

2024年7月に米コロラド州デンバーで開かれたコンピューターグラフィックスの世界最大の国際会議「シーグラフ」。広い展示会場で一際大きなスペースを占めていたのが、あるスタートアップ連合からなる異色のブースだった。

ロボット新興の米フィールドAIや、自動運転技術を開発する米ヘルムAIなどが軒を連ねたこのブースは、エヌビディアが展開するスタートアップ支援プログラム「インセプション」が手掛けたものだ。フィールドAIの担当者は会場で、ヒト型ロボットを操作しながら次のように説明した。「こうした展示ができるのも、エヌビディアのプログラムに参加するメリットだ。リソースの限られたスタートアップ1社では、巨大な展示会でブースを構えるなんてできないよ」

エヌビディアの圧倒的な成長は、「3つの強み」の掛け合わせによるものだ。1つは当然、主力製品のハードウエアであるGPU、2つ目はGPUを動かすためのCUDA。そして最後の3つ目が、エコシステムを築くための仲間づくりにある。「エヌビディアは世界中のAI企業とパートナーシップを組んでいる世界唯一の企業だ」。ファン氏はこう言う。

このエコシステム戦略は、AIだけのためにあるものではない。エヌビディアが古くから持つ特徴の1つだ。例えば、CUDAがAIプログラミングの事実上の標準（デファクトスタンダード）に成長した背景には、前述の通りエヌビディアが世界中の大学を支援したことがあった。日本では東大や東京科学大、米国ではスタンフォード大やハーバード大など、最先端の研究を進める有望研究室に次々に声をかけ、同社の技術を提供したのである。

この支援活動の効果は、GPUやCUDAの知名度を高めただけではない。支援を受けた研究室に所属する大学生や大学院生は、大学を卒業して企業に入った後も引き続きCUDAを使うことを望んだ。CUDAであればGPUを高速化できるし、なにより大学の時に慣れ親しんでいたからだ。こうして、優秀なエンジニアの多くが結果としてCUDAを利用することになったのである。

インセプションも過去から連なる仲間づくり戦略の中核の1つだ。創業10年未満などの条件を満たす企業が対象で、応募した企業からエヌビディアが選考する。採択されれば、同社による技術的なサポート、GPUの価格割引などの優待を受けられる。インセプションには2024年11月時点で世界約2万3000社が参加する。

「ここに次の1兆ドル企業がいる」

AIアバターなどを開発するハイパーダイン（東京・港）はインセプションに参加する1社だ。五十嵐一浩代表取締役は「全く新しいサービスを開発するには、新しい技術が必要。その点でサポートを受けられるのはありがたい」と話す。

エヌビディアにとっては、彼らの成長が将来的なメリットとなる。同社でマーケティングなどを指揮するグレッグ・エステス副社長は「次の1兆ドル（約150兆円）企業が、私たちのプログラムのどこかにいると確信している」と話す。

インセプションのように面を広げるだけではない。エヌビディアのエコシステム戦略には「灯台を先に育てる」という方程式がある。筆者は2017年、エヌビディアでビジネ

ファン氏（左）は2016年に初めてのＡＩ用サーバーをオープンAIに納入。右はオープンAI共同創業者のイーロン・マスク氏（写真：エヌビディア）

ス開発やパートナー提携を統括するジェイ・プーリ取締役（現在もエヌビディア取締役）に、この灯台戦略について聞いたことがある。プーリ氏は次のように語っていた。

「灯台とは、先進的なパートナーです。彼らがまず我々の製品に興味を示してくれる。その灯台となる顧客に対して、彼らがエコシステムとして何を必要としているのか、逆に彼らが（市場に対して）何を提供するのかを理解しなければならない。成功例が2件、3件と増えてくると、（灯台に照らされるように）市場が立ち上がっていく」

有望スタートアップに次々投資する

AIモデル
オープンAI（米国）
サカナAI（日本）
AI21ラボ（イスラエル）
コーヒア（カナダ）など

AIインフラ・ツール
オープンAI（米国）
サカナAI（日本）
AI21ラボ（イスラエル）
コーヒア（カナダ）など

AIエージェント
アデプト（米国）
インビュー（米国）
エッセンシャルAI（米国）
など

AI検索
パープレキシティー（米国）
トゥエルブラボ（米国）など

産業別AIアプリ
フィギュアAI（米国、ロボット）
スカイディオ（米国、航空・防衛）
フライウィール（米国）
インセプティブ（米国、ヘルスケア）など

エヌビディアはGPUという「道具」を販売して収益を得る企業だ。道具の使い方を先頭に立って指南するのが灯台と呼ぶ企業なのだ。生成AIの分野で灯台となったのはChatGPTを開発したオープンAIだろう。

「ジェンスンは、まだ誰も知らない段階でオープンAIに注目し、彼らにGPUを提供した」（エステス副社長）

ファン氏は2016年、エヌビディアが開発した初のAI向けサーバーを米シリコンバレーのオープンAI本社に自ら届けた。同社設立からわずか1年後のことだ。以来、同社はGPUを利用してAIモデルを開発し、2022年にChatGPTを公開。生成AIブームをけん引する灯台として市場を切り開いた。

エコシステムにおけるもう1つ重要な視点は、インセプションなどを通じて新興企業が持つ最新技術やそのトレンドなどをエヌビディアの知見として蓄えられる点にある。子会社のベンチャーキャピタル、Nベンチャーズと情報を共有し、積極的に投資もしている。

ＡＩモデルを公開・共有するウェブサイトを運営する米ハギングフェイスや、ＡＩ検索で米グーグルの牙城に挑む米パープレキシティーなど、生成ＡＩブームのキープレーヤーの多くにエヌビディアは出資している。日本でも、ＡＩモデル開発企業であるサカナＡＩ（東京・港）に出資したと２０２４年9月に発表した。

米調査会社ＣＢインサイツによれば、２０２２年には9件だったエヌビディアのスタートアップ投資は２０２４年に44件まで増えた。総額は累計１００億ドル（1兆５０００億円）を超えたもようだ。

出資を通じて、ＡＩにとって欠かせないＧＰＵの利用を後押しするとともに、ＡＩ市場自体を拡大して長期的なリターンを得る。圧倒的な市場シェアを利用して、エヌビディアは投資会社としての性格も併せ持つようになってきている。

1つのアーキテクチャー

本章の最後に、GPUとCUDAを武器に、エヌビディアがどうビジネスを展開しているかも解説しておきたい。GPUを販売することで収益を得るという根本的なビジネスはGPU発売以降、変わっていない。しかし、CUDAによってGPUが汎用化したことで、よりプラットフォーマーとしての性格が強まっている。

基盤となる最下層にハードウエアのGPU、そしてその上にGPUを最適化できる唯一の開発環境であるCUDAがのっている。この2つをプラットフォームとして、エヌビディアはその上に産業別や用途別のサービス群を次々に開発している。GPUとCUDAは全てのサービスの基本となり、投資した効果は全てのサービスが恩恵を受ける。投資対効果が非常に高いビジネスモデルと言えるだろう。

GPUとCUDAを車のプラットフォーム（車台）に例えてみよう。車台はエンジンや変速機などを取り付ける車の基本的な構造で、近年ではこの構造を異なる車種で共有するケースが増えている。1つの車台を基本とすれば、あとは外装やドアなどの部品を組み合わせて異なるクルマが出来上がる。

エヌビディアは、ＧＰＵとＣＵＤＡという競争力の高い車台に、ある外装を取り付けて製薬業界向けのサービスを、異なる外装を取り付けて製造業向けのサービスを、といった具合に次々にアプリケーションを展開している。車台であるＧＰＵの性能が上がれば、製薬業界向けサービスも製造業向けサービスも自動的に性能が向上するわけだ。

近年では、特にＡＩ関連のアプリケーションやプラットフォームの矢継ぎ早な投入が目立つ。例えば、企業が自社データを使って生成ＡＩモデルを開発するためのプラットフォームである「NVIDIA AI Foundry」。ファン氏は２０２４年以降、「我々はＡＩファウンドリー（工場）になる」と何度も発言しており、それを体現するサービスだ。

工場と言っても物理的な生産設備を指すのではなく、まさに工場のように自社のＡＩアプリケーションを開発できることから名付けられたものだ。

このプラットフォームは大きく3つのサービスからなる。①学習インフラをクラウドで提供する「ＤＧＸクラウド」、②カスタムモデルの開発サービスである「ＮeＭo（ニーモ）」、③そして推論用のマイクロサービス「ＮＩＭ（ニム）」である。順に解説しよう。
①のＤＧＸクラウドは２０２３年7月に提供を開始したもので、クラウド業界にとって

「黒船」的な存在だった。当時はAI関連サービスによってクラウド事業者の勢力図が変わると言われており、エヌビディアの「新規参入」は話題を集めた。GPUの優位性を武器に、エヌビディアはクラウド事業も始めたわけだ。

DGXとは、エヌビディアのAI開発プラットフォームの総称であり、「DGX H100」や「DGX B200」などはAI向けスーパーコンピューターを指す。DGXクラウドは、エヌビディアのAI技術をクラウド経由で提供するものだ。最先端のGPUを搭載した仮想サーバーはもちろん、開発者向けのAIワークフロー管理用SaaS（ソフトウエア・アズ・ア・サービス）も搭載している。エヌビディアのAIエキスパートによる技術支援も受けられ、AI学習用の総合サービスと言える。サービスの一部は当然、米アマゾン・ウェブ・サービス（AWS）や米マイクロソフトなどのクラウド大手の競合となる。

DGXクラウドなどの関連システムを統括するチャーリー・ボイル副社長はクラウド戦略を次のように説明する。「戦略はシンプルだ。DGXは8年ほど前にスタートしたが、その時点で顧客の多くはデータの大半を置く（オンプレミスの）自社データセンター上でAIを開発したいと考えていた。今は多くの顧客がクラウド上で開発をしており、（DG

Xを使った）同様の体験をしたいと我々に要望してきた。私たちは顧客のためにクラウドに付加価値を付けているのだ」

②のカスタムモデルの開発サービスＮｅＭｏは２０２２年に発表したもので、データのキュレーションやモデルの追加学習（ファインチューニング）、安全性の担保、評価などの機能を持つオールインワン型のＡＩモデル開発サービスだ。

③のＮＩＭは２０２４年3月の年次開発者会議で発表したＡＩの推論向けサービス。ソフトウエア開発者はＮＩＭを利用することで生成ＡＩアプリの展開を「数週間から数分に短縮できる」としている。

要するに、開発したモデルをすぐに実装するためのサービスだと考えれば分かりやすい。生成ＡＩの推論に必要となる各種ソフトウエアがインストール済みのコンテナ（マイクロサービス）を提供する仕組みで、エヌビディアが開発した推論ワークフローを最適化するフレームワークやツールキットなどがあらかじめ準備され、エヌビディアやパートナー企業が提供する20以上のＡＩモデルに最適化されている。ＮｅＭｏでカスタマイズした自社開発モデルをＮＩＭとして出力して、すぐにアプリとして展開できる。

これらのツールは、生成ＡＩの次のフェーズである「エージェント型ＡＩ」に欠かせな

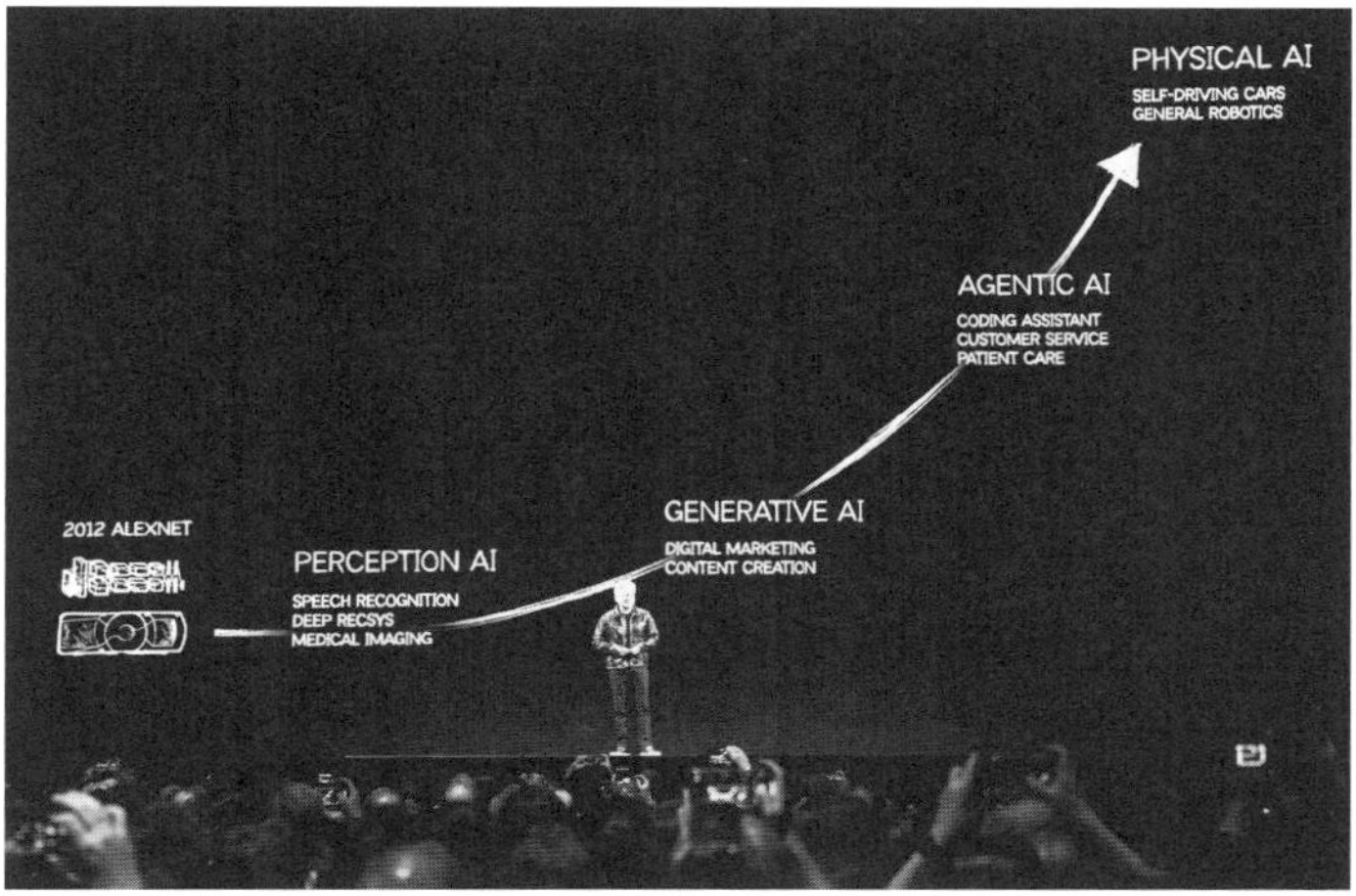

2025年1月、CESでジェンスン・ファン氏によって示されたAIの進化
（写真：筆者撮影）

いものだ。「ＡＩエージェント」とも呼ばれるもので、ＣｈａｔＧＰＴなどが対話型で質問と回答が1対1なのに対し、エージェントはユーザーの指示をいくつかの要素に分け、それぞれに対応するアプリなどを実際に動かしてタスクをこなすという特徴があり、より万能型に近づく形態を指す。２０２５年1月に世界最大級のテクノロジー見本市「ＣＥＳ」の開幕を飾る基調講演でファン氏は「世界のエンタープライズにおいて最も重要なトピックの1つがエージェント型ＡＩだ」と発言した。

ＮｅＭｏとＮＩＭを利用すれば、比

較的簡単にＡＩエージェントを開発できる。例えば新製品発表におけるキャンペーンを想定してみよう。キャンペーンを作成するには2つのＡＩが必要になる。1つはテキストでキャンペーンの概要やSNSでのタグを作成するもの、もう1つは使用する画像を生成するＡＩだ。それぞれにＮＩＭを用意する。ＮＩＭで利用するＡＩはＮｅＭｏを使って自社で開発したものも利用できる。ＮＩＭ同士を接続し、それぞれのＮＩＭが動作するためのきっかけ（トリガー）を設定。最後に、ユーザーとの画面をデザインすれば、ユーザーの指示でテキストと画像を作成するエージェントが完成する。

エヌビディアはエージェントに関して、プラットフォームとなるサービスだけでなくＡＩモデル自体も発表している。米メタのオープンソースモデル「Ｌｌａｍａ」にＡＩエージェント用の追加学習を実施した上で、モデルを軽量化した「Llama Nemotron」だ。

こうしたエージェント関連のサービスなどを投入することで市場が広がれば、その結果としてＧＰＵの市場も大きくなる。この動きはＡＩに限った話ではない。エヌビディアはＧＰＵとＣＵＤＡというプラットフォームの上で、それぞれの市場を拡大するサービスを自ら投入し、ビジネスを拡大し続けている。

ジェンスン・ファン インタビュー②

新世代GPUでコストは30分の1になる

新世代GPU(画像処理半導体)の登場で、推論のコストは30分の1になる――2025年1月に米ラスベガスで開かれたテクノロジー見本市「CES」に合わせ、ジェンスン・ファン最高経営責任者(CEO)が限られたメディアを対象に合同取材に応じ、こう発言した。「エヌビディアが演算能力を高める限り、AI(人工知能)は進歩し続ける」。ファン氏の言葉は、AIの成長を一手に引き受けている自身に対する鼓舞にも聞こえた。

※合同取材は2025年1月にラスベガスで実施された

――エヌビディアは(GPUやCUDAだけでなく)、AI関連のインフラや電力、システムを構成するその他の要素について考える時期に来ているのでしょうか?

ジェンスン・ファンCEO:エヌビディアは基本的に他の企業が取り組んでいないこと、あるいは当社がより優れた成果を上げられる領域に注力しています。その結果として、それほど多くの事業を展開しているわけではありません。社員数は3万人強で、まだまだ小さな企業です。

比較的、小規模な企業であり続けたいと考えています。当社のリソースは当社独自の貢献ができる分野に集中的に投入したいと考えています。

一方で、電源の供給や（データセンターの）冷却などを担当する人々と協力しています。（前世代のGPU＝画像処理半導体である）「ホッパー」のサーバーラック当たりの消費電力は40キロ〜60キロワットでした。（現行世代の）「ブラックウェル」では120キロワットです。私の感覚ではこの数値はさらに上がるでしょう。高密度にコンピューターが集中するのは良いことです。密度が高まる中で、データセンターの冷却効率を大幅に改善し、より持続可能なものにしなければなりません。

――CESではAIパソコンに関する多くの発表がありましたが、普及はまだ始まっていません。何が普及を妨げていますか。エヌビディアはそれを変えることができるでしょうか。

ファン：AIはクラウドから始まりました。この数年のエヌビディアの成長は全てクラウドによるものです。AIモデルをトレーニングするにはAI用スーパーコンピューターが必要です。AIモデルは極めて大規模ですが、クラウドなら簡単に展開できます。

課題の1つは、AIがクラウド上にあり、そしてクラウドに多くのエネルギーが集まっているため、（パソコンの基本ソフトである）ウィンドウズ向けにAIを開発しているデベロッパー

2025年1月のCESに合わせてラスベガスでメディアとの合同取材に応じたエヌビディアのジェンスン・ファンCEO（写真：筆者）

が非常に少ないことでしょう。ただし、ウィンドウズはAIに完璧に適合しています。私たちはクラウド向けに開発されているAIをパソコンにも拡大します。

――CESでの講演は非常に技術的な内容でした。技術に詳しくないより広範な消費者に対して、AIに関する新しい発表の意義を教えてください。

ファン：エヌビディアはテクノロジー企業であり、消費者向けサービスの企業ではありません。ただ、当社の技術は消費者向けデバイスの未来に影響を与えると思います。CESで発表した最も重要なことの1つは、物理世界を理解する基盤モデルでした。（米オープンAIのAIモデルである）ChatGPTが言語を理解する基盤モデルであり、（英国のスタビリティーAIが開発した）ステーブル・ディフュージョンが画像を理解する基盤モデルであったように、我々は物理世界を理解する基盤モデルを開発しました。摩擦や慣性、重力、物体の存在や永続性、幾何学的・空間的な事象を理解します。子どもたちが知っているようなことです。現在の言語モデルが理解していないような物理的な世界を知る基盤モデルが必要だと我々は考えています。

――（推論の計算量を増やせば増やすほど精度が向上する）「推論のスケーリング則」が出現していると説明されました。オープンAIの最新モデル「OpenAI o3（オースリー）」は、計算リソースの問題から非常にコストが高くなることを示しています。エヌビディアはコスト効率の高い推論チップを提供するためにどう取り組んでいますか。

ファン：即時的な解決策は、コンピューティングの能力を高めて価格を下げることです。それがブラックウェルです。ホッパーと比較して推論性能は30～40倍です。性能が30～40倍になれば、コストは30分の1～40分の1に下がります。

（半導体の集積率が18カ月で2倍になることを示した）ムーアの法則がコンピューターの歴史上、重要だと考えられている理由は、コンピューティングのコストを引き下げたからです。過去10年で当社のGPUの性能は1000倍、あるいは1万倍になりました。そしてコストは1000分の1、1万分の1になったのです。過去20年で、コンピューターの限界性能は100万分の1になりました。推論においても同じことが起こるでしょう。性能が上がれば、結果としてコストも下がります。

――多くの企業が「エージェント型AI」について語っています。エヌビディアは、米アマゾン・ウェブ・サービス（AWS）やマイクロソフト、米セールスフォースといった、顧客にエージェント開発プラットフォームを提供する企業とどのように協力、または競合しているのでしょうか。

ファン：当社は直接的に企業にサービスを提供する企業ではありません。当社はプラットフォーム企業です。米サービス・ナウや米オラクル、ドイツのSAPやシーメンスといった専門知識を豊富に持つ企業に焦点を絞り、彼ら向けにツールキットやライブラリ、AIモデルなどを開発しています。彼らにとってライブラリなどは重点的に取り組みたい領域ではありません。

――あなたはロボットが間もなく私たちの身の回りの至る所にあるようになるだろうと話しました。ロボットは人間と共にあるのでしょうか、それとも人間に敵対する存在になるのでしょうか。

ファン：人間と共にあるでしょう。私たちはロボットをそのように開発するつもりです。「超知能」という考え方は、決して珍しいものではありません。私の会社には、それぞれの分野で私から見ると超知能と言える人材が大勢います。私は超知能に囲まれています。

――エヌビディアは2017年のCESで自動運転車のプロトタイプを展示し、その年にトヨタ自動車との提携を発表しました。そして今年のCESでも再びトヨタとの提携を発表しました。2017年と2025年の違いはなんでしょうか。2017年には何が課題で、2025年までにどんなイノベーションがあったのでしょうか。

ファン：まず、将来的に全てのクルマが自律走行するようになるでしょう。現在、10億台以上のクルマが道路を走っていますが、例えば20年後は自動運転になるだろうと考えています。5年前には、現在ほど技術が強固ではありませんでした。センサーやコンピューター、ソフトウエアが今では手の届くところにあります。

従来の自動車メーカーの考えを変えたドライバーが2人いるとしたら、1人はもちろん米テスラで、もう1人はBYDやリ・オート、シャオペン、シャオミ、NIOなどの中国EV（電気自動車）スタートアップでしょう。彼らによって標準（スタンダード）が設定されたのです。全ての自動車メーカーは自動運転について考える必要があります。世界は変化しています。確かに技術と私たちの感覚が成熟するまで時間はかかりました。しかし、我々はその段階（自動運転の実現段階）に達していると思います。

——現在のAIの成長方法は持続可能だと思いますか？

ファン：はい。私が知る限り物理的な限界はありません。ご存じの通り、（エヌビディアが）AIの能力を急速に向上させられる理由の1つは、CPU（中央演算処理装置）やGPU（画像処理半導体）、ネットワーク、ソフトウエア、システムを同時に構築・統合できる能力があるからです。もしこれを20社で開発していて、それらを統合しなければならないなら、（AIの性能向上の期間は）長くなるでしょう。（エヌビディアは）システム全体を（すぐに）最適化できるので、私が知る限り物理的な限界はありません。

コンピューティングが進化するにつれて、AIモデルも進歩し続けます。演算能力が高まれば研究者はより大きなモデル、より多くのデータを使ってトレーニングすることが可能になるからです。これは今後もスケールアップし続けるでしょう。演算能力を高めればコストは下がり続けるので、（推論のスケーリング則である）テストタイムスケーリングについても成長するはずです。

演算能力を進歩させられない物理的な理由などありません。AIは今後も急速に進歩していくでしょう。

コラム②

人材争奪戦でも最強、平均年収は4000万円

株価急騰を背景に、エヌビディアの待遇は業界トップクラスに躍り出た。エンジニアの平均年収は約4000万円。米アップルや米グーグルをしのぐ水準だ。人材争奪戦で優位に立ち、米インテルなど競合からの転職者が絶えない。独自調査で、トップ技術者が2015年比で3・5倍に急増したことも分かった。

世界中のAI（人工知能）開発企業がエヌビディア製のGPU（画像処理半導体）を入手しようと躍起になる中、テック業界では「もう1つの争奪戦」が繰り広げられている。AI人材の奪い合いだ。

戦いに勝ち抜くため、各社は数年来、給与をはじめとする待遇を引き上げ続けている。米半導体メーカー数社の採用に関わるヘッドハンターは現状をこう説明する。「腕の立つエンジニアを採用するのに、5年前は年収15万ドル（約2250万円）のオファーで十分だった。今は20万～25万ドル（3000万～3750万円）もざらにある」

ソフトウエアエンジニアも半導体エンジニアも水準は変わらないという。物価が違うので単

純な比較はできないが、ざっと日系半導体関連企業の3〜4倍が必要となる計算だ。ある日系半導体関連企業の関係者は「シリコンバレーで日系企業が優秀な半導体エンジニアを採用できるような状況ではない」と悔しがる。

この人材獲得競争でもエヌビディアは優位に立っている。「2014年の米フェイスブック（現メタ）をほうふつとさせる人気ぶりだ」。米シリコンバレーに本社を置く採用支援会社の幹部はこう語る。この企業はエヌビディアをはじめ、インテルなど半導体大手の採用に関与している。米国では企業が募集したい役職を「オープンポジション」としてウェブサイトなどで広く集めるのが一般的だが、日本と同様に企業から依頼を受けて優秀な人材の「一本釣り」を狙うヘッドハンターも多く存在する。シリコンバレーに存在するのは多くがソフトウエアエンジニアを扱う企業だが、古くからの「地場産業」である半導体エンジニアを専門とするヘッドハンターも数多い。

2014年のフェイスブックは、モバイル広告が大幅に伸びてSNS事業で一人勝ちの状態だった。ソフトウエアエンジニアにとって、注目を集める企業で働き実績を残すことは後のキャリア形成に大きく影響する。フェイスブックは2010年代前半に応募数が急増し、2014年は「採用面接の枠を取ることさえ難しい状態だった」（米国の採用支援会社幹部）という。

今のエヌビディアも同じ状況だ。エヌビディアは応募数や採用倍率を公表していないが、「日本も米国も伸びているのは確か」（日本代表兼米国本社副社長の大崎真孝氏）と認める。

▼巨大テック企業から軒並み流入

では、エヌビディアに転職しているのはどんな人材なのか。筆者がビジネスSNSのリンクトインを分析すると、半導体関連などの競合他社から人材が大量になだれ込んでいる様子が明らかになった。

左の図をご覧いただきたい。中心のエヌビディアに向かって大量の人材が流入していることが分かる。中でもインテルから約3300人がエヌビディアに転職しており、まさに草刈り場。逆にエヌビディアからインテルへの転職者は687人にとどまり、力関係は明白だ。インテルは業績不振が続いており、2024年8月には全従業員の15%に当たる1万5000人以上のレイオフ(一時解雇)を実施すると発表。2024年12月にはパット・ゲルシンガーCEO(最高経営責任者)が退任するという非常事態が発生している。

エヌビディアへの流入は世界的に発生しているもようだ。例えば、インテルが研究開発拠点を縮小する見込みのイスラエルでは、レイオフが数百人規模になると米メディアは報じている。リンクトインでイスラエルにおける転職状況を調べたところ、2024年8月以降、インテルからエヌビディアへ少なくとも28人が転職した可能性が高いことが分かった。エヌビディアのジェンスン・ファンCEOは2025年1月に米ラスベガスで開かれたテクノロジー見本市「CES」に合わせて開いたメディア合同インタビューで「当社はイスラエルで最も急速に成長し

競合のテック企業から続々移籍

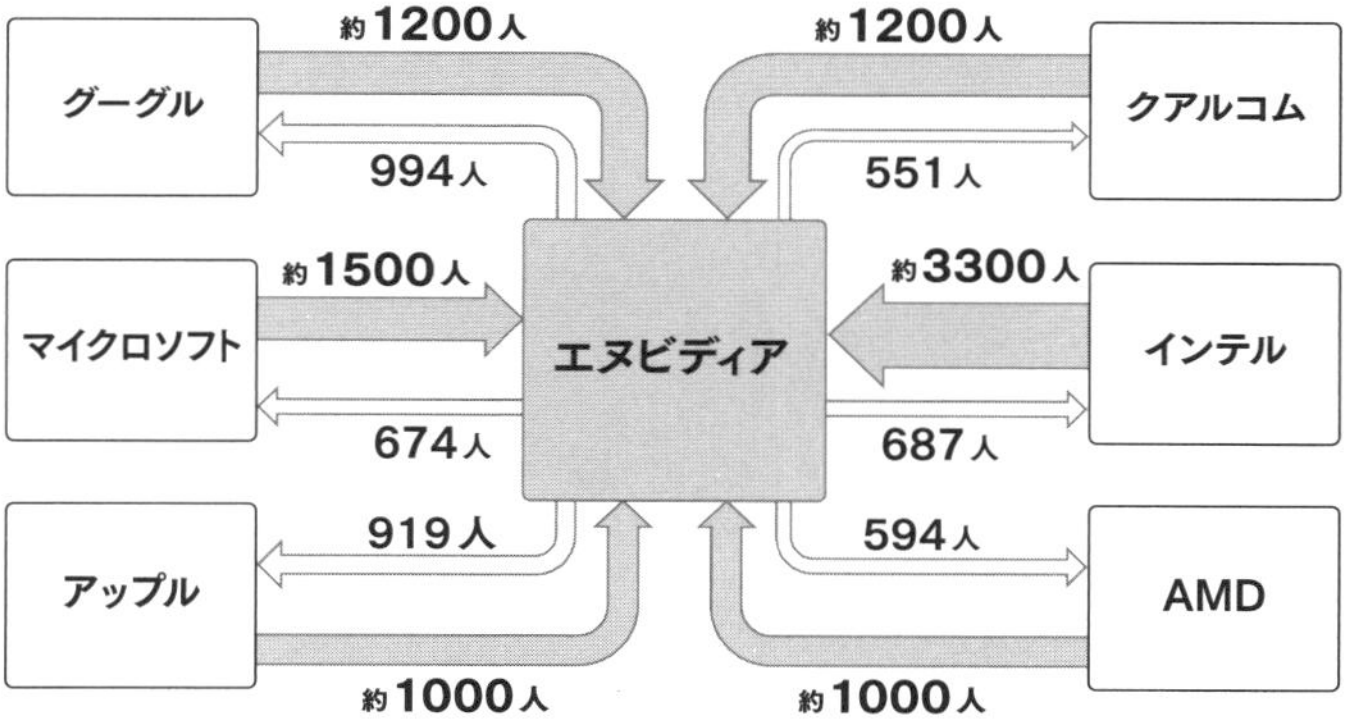

米リンクトインの所属先検索を利用して調査した。転職者は流入元と流出先の企業の間に他の企業を挟んでいる場合がある

ている雇用主だ」と強調した。

同様にレイオフに伴うエヌビディアへの移籍が世界各地で相次いでいると見られる。２０２３年にインテルからスタートアップに移ったエンジニアは匿名を条件に、「インテルを辞めたかったわけではない。ただ、ＡＩ用半導体のニーズが大きくなるなか、あまりにも出遅れた感が強かった」と打ち明ける。このエンジニアの周囲では、エヌビディアをはじめ米半導体メーカーへの転職者が目立つという。

インテルのほか、米ＡＭＤや米クアルコム、米アップル、米グーグルなどの巨大テック企業からも１０００人規模で転職している。いずれもエヌビディアへの流入超であり、いかにエヌビディアが採用市場でも強さを発揮しているが分かる。

「特許発明者」が3・5倍に急増

リンクトインを使った調査では、職種で絞り込んだり、転職の時期を指定したりといった詳細な分析はできない。そこで、筆者は特許調査会社のスマートワークス（長野県原村）と共同で、米国の特許出願に「発明者」として名を連ねるトップエンジニアやトップ研究者だけを対象に調査を実施した。特許出願は、例えば部署の責任者が代表して届けるような代理申請が認められておらず、技術を開発＝発明した本人の出願が必要だ。つまり、発明者をカウントすれば、専門性の高いトップエンジニアの数の推移が如実に分かる。

調査の結果、近年になってエヌビディアがトップエンジニアを急増させていることが明らかになった。2015年に334人だった発明者は2023〜24年に約3・5倍の1153人に増えた。2020年と比較しても300人以上増加している。逆にインテルやクアルコムは発明者の数が2015年比で1000人程度減少した。

発明者を名寄せした結果、エヌビディアの発明者は2015〜24年で計1876人。そのうち109人が、インテル、クアルコム、AMD、グーグル、アップルの名義で過去に特許を出願していたことも分かった。この間に、エヌビディアに転職した可能性が高い。特許を申請

特許出願に関わるトップ技術者が急増

企業名	米国特許出願人数		増減数（増減率）
	2015年	2023～2024年	
エヌビディア	**334人**	**1153人**	**819人増（3.5倍）**
アップル	3933人	7011人	3078人増（78％増）
グーグル	4213人	5428人	1215人増（29％増）
インテル	5121人	4131人	990人減（19％減）
クアルコム	3471人	2222人	1249人減（36％減）
AMD	206人	416人	210人増（2.0倍）

出所：スマートワークスと日経ビジネスが共同で作成

するトップエンジニアたちが続々とエヌビディアに集まっている様子が明らかになった格好だ。

エンジニアから圧倒的な支持を集めている理由の1つは待遇にある。米求人情報大手グラスドアの集計によると、エヌビディアのソフトウエアエンジニアの年収（中央値）は26万2000ドル（3930万円）。この数字は米グーグルや米アップルの中央値を上回り業界トップ水準だ。ディレクタークラスでは70万ドル（1億500万円）を超える。今や、エヌビディアのソフトウエアエンジニアは米巨大テック企業を指す「GAFAM」を差し置いてシリコンバレーで最高レベルに位置しているわけだ。

ハードウエアエンジニアも24万9000ドル（3735万円）。インテルやAMD

を大きく引き離し、もはや半導体メーカーとしての給与水準ではなくなっている。

▼社員に株価10倍の恩恵

高い年収を可能にしているのが譲渡制限付株式ユニット（ＲＳＵ）だ。日本でもソニーグループやメルカリが導入している仕組みで、企業が指定した勤務条件を達成した場合のみ株式が報酬として付与される。エヌビディアの人事制度設計に詳しい関係者によれば、同社では４年間以上の勤続がＲＳＵ付与の条件となっている。

ＲＳＵはストックオプションと異なり、権利確定の際に無償で株式が譲渡される。権利付与から４年後の権利確定までの間に株価が伸びた分だけ、報酬が増える。

４年前の２０２０年11月末と比較すると、エヌビディアの株価は10倍程度。企業の人事制度に詳しい京都大学経営管理大学院特命教授の鵜澤慎一郎氏は、ＲＳＵによる株式付与が「エヌビディアに転職するモチベーションになっている」と見る。株価の急激な伸びが同社の平均年収と転職市場での立ち位置を押し上げている。

もう１つ、エヌビディアが従業員から高い評価を受けている点が、働く環境だ。米求人情報大手のグラスドアが毎年発表している「最高の職場ランキング」の２０２４年版で、同社は全米２位。直近５年間はいずれもトップ10に入っている。ランキングは全てが社員からのレビュー

エンジニアの年収は業界トップ水準

ソフトウエアエンジニア

	下限	上限	中央値
エヌビディア	**21万8000ドル**	**31万9000ドル**	**26万2000ドル（3930万円）**
グーグル	21万7000ドル	31万ドル	25万6000ドル
アップル	20万3000ドル	32万ドル	25万3000ドル

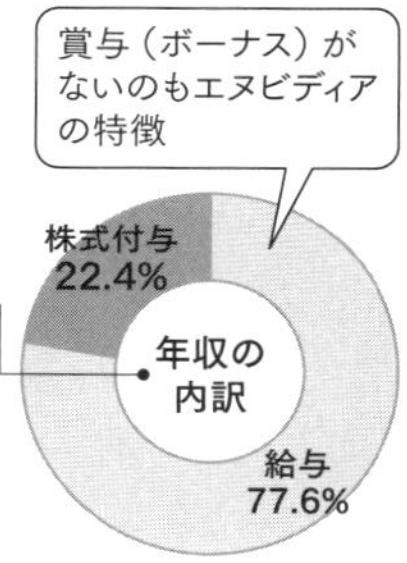

ハードウエアエンジニア

	下限	上限	中央値
エヌビディア	**21万2000ドル**	**29万7000ドル**	**24万9000ドル（3735万円）**
インテル	15万2000ドル	21万5000ドル	17万9000ドル
AMD	16万ドル	23万2000ドル	19万1000ドル

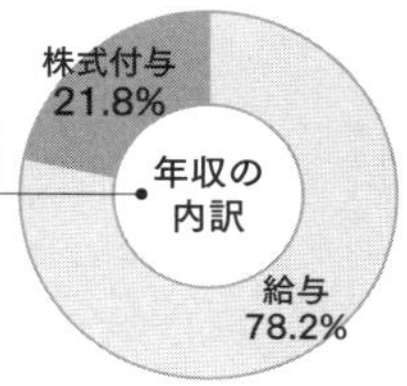

出所：米グラスドアの調査を基に作成

に基づいており、内部評価の高さがうかがえる。

グラスドアの分析部門を率いるダニエル・ザオ氏は、ジェンスン・ファン最高経営責任者（CEO）のリーダーシップに加えて、「働き方が評価されている」と説明する。

その1つがリモートワークだ。米ビッグテックは軒並み2023年後半からオフィス回帰に舵を切り、週3～5日の出社を義務化している。例えば米アマゾン・ドット・コムは2025年から従業員に新型コロナウイルスのパンデミック前と同様に、原則として週5日の出社を義務化した。従業員からは反対の声が上がって抗議デモが起こっているほか、オフィスを再拡大する過程でも混乱が生じ、一部のオフィスでは義務化が遅れている。ここでは出社義務化の是非はおいておくとして、テック企業でオフィス復帰がトレンドになっているのは事実だ。

一方で、そのトレンドを無視するかのように、エヌビディアは完全在宅勤務を可とし続けている。エヌビディアの組織構造は非常に柔軟で、プロジェクトごとに既存の組織を超えたバーチャルなチームが立ち上がる。ある従業員が住んでいる国とその上司が住む国が異なるというケースはもともと多い。リモートワークを前提としているのはパンデミック後に限った話ではない。「従業員の口コミでも、リモートワークを評価する声が圧倒的に多い。彼らはエヌビディアの働き方の柔軟性に高い点を与えている」（ザオ氏）

▼誰も解雇しないエヌビディア

もう1つは、レイオフ（一時解雇）が少ないという心理的安全性だ。ファン氏は「私は（従業員を）見限るのが好きではない。学ぶ機会さえ与えられれば、彼らは改善できる。私は彼らを信じている」との考えを示している。

2022〜23年には、コロナ禍での事業急拡大のひずみが顕在化し、米マイクロソフトやメタ、グーグルなどは米国で1万人規模のレイオフを実施した。

同僚に突然連絡が取れなくなった――米国のビッグテック「GAFAM」の一角を占める企業に勤めるソフトウエアエンジニアは、所属する企業が大規模レイオフ（一時解雇）を発表した当日のことをこう思い出す。

朝食を食べてすぐのこと。「チャットしようとしたら、そもそも相手のアカウントがなくなっていた」。不思議に思って個人のSNSで連絡してみても既読にすらならなかった。

レイオフ発表後も社内でリストなどが配布されず、「誰がレイオフされたか分からないのが不気味だった。社内システムで閲覧できなくなって初めて、『この人も辞めたのか』と知る感じだ」。このエンジニアはレイオフの発表以降、プライベートで会社の同僚に連絡を取りづらくなったと感じている。誰がレイオフされたか分からず、気軽に会話できる雰囲気ではないからだ。米国の巨大IT企業で働くことの心理的安全性は必ずしも高くない。

2022年秋ごろから吹き始めたレイオフの嵐。その数は、いわゆる「GAFAM」だけで約5万人を超えた（米アップルだけは大規模なレイオフを実施しなかった）。米エンジニア採用サービスのトゥルーアップによれば、2022年に米国のテック企業で24万1176人のレイオフがあった。

一方で、米国内の解雇情報を調査しているサイト「Layoffs.fyi」によると、少なくとも2020年以降、エヌビディアはレイオフを実施していない。グラスドアのザオ氏は、エヌビディアの従業員が「逸話」として語るエピソードが同社の姿勢を象徴しているとする。パンデミックで誰も出社せず、社員食堂の利用がゼロだった時でさえ、ファン氏はケータリングスタッフを解雇しなかった。「こうしたエピソードを聞いて、従業員の会社への信頼が非常に厚くなっている」とザオ氏は見る。

京都大学の鵜澤氏は、エヌビディアで働くことがエンジニアのキャリアアップにつながることも大きいと指摘する。「1990年代の米ゼネラル・エレクトリック（GE）、2000年代のグーグルのように、注目企業で働いた経験はエンジニアの箔《はく》になる。エヌビディアも同様のブランドになりつつある。つまりエヌビディアで働いていたという経験そのものが、そのエンジニアの価値を上げている」

株価急騰を背景とした厚待遇と社員からの信頼は、同社のさらなる強みになりそうだ。米国では半導体産業への政府の支援もあり、人手不足が顕在化している。

米労働省が発表した全産業の求人倍率が3年ぶりの低水準に落ち込む中、半導体産業では逆に求人が伸びている。AI需要の拡大でエンジニアの需給がタイトになり、米半導体工業会（SIA）は、2030年までに米国内で計6万7000人のエンジニアなどが不足すると警鐘を鳴らす。半導体分野の人材市場はしばらく売り手優位が続く可能性が大きい。

売り手市場では待遇や評価の高い企業に求人が集中し、そうでない企業は採用のハードルを下げざるを得ないため、格差が広がりやすい。採用面でもエヌビディアの強者ぶりはしばらく続きそうだ。

コラム③

世界一を支える本社「宇宙船」の秘密

米シリコンバレーにあるエヌビディア本社オフィスは、2つの宇宙船のようなデザインが目を引く。ジェンスン・ファン最高経営責任者（CEO）が自ら設計に関与し、フラットな組織を体現する空間だ。従業員から「働く環境」が評価されるエヌビディア。本社デザインの経緯と、そこに込めた想いを聞いた。

組織構造をなるべくフラットにして、情報の流通を速くする。情報の偏りをなくし、全社の意思を統一して素早く行動できるようにする――エヌビディアのジェンスン・ファン最高経営責任者（CEO）は様々な独自ルールを設けて、迅速な意思決定ができる組織を築いてきた。その意思は、「組織を格納する箱」でもあるオフィスにも強く表れている。エヌビディアは2022年までにシリコンバレーの中心地である米カリフォルニア州サンタクララの本社を刷新した。このコラムではその建築の在り方を見ていこう。

米カリフォルニア州サンタクララにあるエヌビディアの本社オフィス。エンデバーとボイジャーの2棟からなる。映画「スタートレック」の宇宙船の名を取ったものだ（写真：Gensler | Jason O’Rear Photography）

▼金融危機で設計プランを変更

米求人情報大手のグラスドアが毎年実施している「最高の職場ランキング」の2024年版でエヌビディアは全米2位になった。分析部門を率いるダニエル・ザオ氏は「彼らが築き上げた職場環境と企業文化の組み合わせが、評価をかなりポジティブにしている」と分析する。

２章でも触れた通り、エヌビディアの組織構造はフラットで、情報の流動性を重視している。その文化を体現しているのが、シリコンバレーの本社オフィスだ。建築設計を指揮した世界最大の建築設計事務所、米ゲンスラーのハオ・コー氏は「エヌビディアの文化が、建築の形態に反映されている」と説明する。

シリコンバレーの新本社は、2017年に完成した「エンデバー」と2022年に完成した「ボイジャー」の2棟からなる。いずれも低層で地を這うようなデザインで、見た目は宇宙船のようだ。事実、映画『スタートレック』に登場する宇宙船の名を取ったものだ。2棟の延べ床面積は約2万3000平方メートルで、数千人の従業員が働いている。

大通りを挟んだ敷地に点在するオフィスを本社としていた2007年、エヌビディアはエンデバーとボイジャーが立つことになる広大な敷地を取得した。新オフィスを建設する計画だったが、エヌビディアで本社オフィス建設のプロジェクトマネジャーを務めるジャック・ダーグレン氏によれば、当時は「3階建ての中層ビルで、賃貸オフィスとして貸すことを計画していた」という。

ただ2008年にリーマン・ショックが勃発。エヌビディアも2009年2月に発表した四半期決算の最終損益が赤字に転落した。景気悪化に加えて、グラフィックス・チップの領域で米アドバンスト・マイクロ・デバイセズ（AMD）とのシェア争いが激しくなっており、経費削減などに追われた。

2010年代に入って、ファン氏の本社に対する考え方は変わっていた。「誰かから借りられるようなオフィスではなく、我々を象徴するような本拠地をつくろう」。こんなコンセプトで、大手建築設計事務所4社によるデザインコンペ（設計競技）を実施した。

ゲンスラーの提案は「コラボレーションをどう促すか」に力点が置かれていた。理論的な支柱となったのは、米マサチューセッツ工科大学で教授を務めた故トーマス・アレンの研究だった。アレンはボーイングでエンジニアとして働いた後、生産性の研究者に転身。1970年代に、働く環境について、エンジニアの物理的な距離とコミュニケーションの量には負の相関があることを実験によって証明した。相関関係は「アレン曲線」と名付けられ、一連の研究は画期的と評されている。

アレン曲線では、同僚が1・8メートルの距離にいる場合と18メートルの距離にいる場合で、コミュニケーションの量に4倍の差があるとしている。フロアや建物が違うと、エンジニアはほとんど連絡を取らなくなってしまう。

エヌビディアの従来の本社エリアは、比較的規模の小さい複数のオフィスビル群が点在していた。アレンの研究を足掛かりに、できるだけ多くのエンジニアをできるだけ少ないフロアに集めるにはどうすればいいか。それがゲンスラーの提案の中心だった。

「私の『ソウル』を見つける準備はできていますか」。ゲンスラーのコー氏は、ファン氏からの最初の質問を覚えている。「ソウル」を訳すのは難しいが、精神的な礎、エヌビディアの核のようなものだろう。アレンの研究を根拠にして、どうやってエンジニア同士のコラボレーションからイノベーションを生むか。それはファン氏が大事にしているフラットな組織と呼応していたのだ。

▼GPUを使って本社デザインをシミュレーション

数千人を1つの空間に入れればコミュニケーションは増えるものの、当然問題も発生する。あちこちで会話が始まれば音は反響し、タスクをこなすために集中したいエンジニアにとっては雑音でしかない。「選択肢を提示するのが重要だった」。コー氏は解決法をこう説明する。

ゲンスラーは大きな1つの屋根の下に中心から同心円を描くように3つのゾーンを設定した。一番中心は最もにぎやかなエリアで、外部からの受付などを設置。中心部の2階にカフェや会議室などを置く。地下からの出入り口を置くなどして、物静かなエンジニアでも必ず中心を通過しなければならない仕組みにして、コミュニケーションを促す。

逆に外側は集中して作業ができるスペースを多く設けた。自然光が最も入るエリアを作業スペースとする提案だ。エンジニアには固定席もあるが、ノートパソコンを持って気分によって環境を変える人も多い。2つの棟の間には広い中庭が設けられており、作業ができるデスクなども多数、配置されている。ゲンスラーによれば、屋外の作業スペースだけで1300人を収容できるという。中心部と外周部の中間は「トランジション（移行）エリア」として、にぎわいと静かな作業スペースの間の多様な空間とした。

音の反響については、屋根の形状をシミュレーションして音を反射させたり、天井の全面に吸音材を設置したりすることで解決した。

自然光などのシミュレーションには、エヌビディア自身の技術も一役買っている。ゲンスラーは普段使っている三次元デザインツールで設計を進めたが、ファン氏はエヌビディアのエンジニアリングチームに協力するよう指示した。「建築分野のツールのレンダリングはそれほど正確ではなかった。我々は何十年もシミュレーションに携わってきたので、それを不十分だと感じた」（エヌビディアのダーグレン氏）

エヌビディアのGPUを組み合わせてレンダリングエンジンとして利用することで、CGの描画時間を短縮した。「ある日、写真とCGのファイルがアクシデントで混ざってしまった。チームの誰もが、どちらが本物なのか分からなくなってしまったんだ」。ダーグレン氏は笑いながらこう振り返る。

多くの「正三角形」を採用しているのがデザインの特徴だろう。採用した理由は2つある。1つは三角形の持つ意味だ。平面を構成する最少の頂点を持つ多角形である三角形はコンピューターグラフィックスの最小単位である。長年、グラフィックス・チップを開発してきたエヌビディアにとって、三角形は象徴ともいうべき形だった。

もう1つは、正三角形は正多角形で唯一全てが鋭角であり、従業員同士が結びつくようなイメージと合致していた。

ファン氏はオフィスのデザインに関わるほとんど全てのミーティングに参加した。著名企業の本社を数多く設計してきたゲンスラーのコー氏は「あり得ないほど多くの時間をジェンスンは割いてくれた」と振り返る。平日の数時間では足りず、土曜日に丸一日かけて議論することもあった。エヌビディアのダーグレン氏は「ファン氏とデザインチームは数十回、ミーティングを重ねた」と証言する。ＣＥＯがデザインのミーティングに出るのは多くても数回。「一般的にはサインをするのが役割だ。でも、ジェンスンは問題解決をするのが好きなんだ。だから決定したものではなく、議論の段階でミーティングを設定していた」（ダーグレン氏）

筆者は、２０２４年10月に本社オフィスを訪れ、２つの建物の内部とそれをつなぐ中庭を見学した。秋晴れの日差しがさんさんと降りそそぐ明るいオフィスで、エンジニアが自由気ままにノートパソコンを開いて業務をこなしていた。

２層構造だがフロアは完全には分かれていない。エリアごとに階層が異なる「スキップフロア」で、視線が重なり合うように設計されている。オフィス内を移動していると、自然と多くの人と目が合い、会話が生まれる。

エヌビディアはシリコンバレーの大手企業には珍しく、新型コロナウイルスのパンデミック後も完全なリモートワークを許可している。それでも本社オフィスの人気は高いという。世界最強を支える宇宙船は、フラットであり従業員１人ひとりが自立するエヌビディアの組織を体現している。

ボイジャーの内観。大屋根の下にスキップフロアの層が重なる
（写真：Gensler | Jason O'Rear Photography）

建物はガラス張りで、天窓とカーテンウオールから日光が差し込む
（写真：Gensler | Jason O'Rear Photography）

エンデバーとボイジャーは外部の歩道橋でつながっている
（写真：Gensler | Jason O’Rear Photography）

オフィス内は多様な空間があり、アクティビティーによって従業員に選択肢が与えられている。写真はボイジャーの中２階の交流スペース
（写真：Gensler | Jason O’Rear Photography）

CHAPTER

5

課題編

無双エヌビディアに5つの死角

突如として現れた中国のAI（人工知能）企業、ディープシークによって、エヌビディアの株価は一時、大暴落した。1日で時価総額91兆円が失われた計算になる。AI半導体で無双状態が続くエヌビディアにも死角はある。はたしてAIの学習ニーズは続くのか？　牙城を脅かすAI半導体スタートアップは？　「5つの死角」を徹底的に深掘りする。

死角①

ディープシーク・ショックに震えた世界

2025年1月、世界が「DeepSeek（ディープシーク）ショック」に震えた。中国のAI（人工知能）開発企業ディープシークが、低コストで高い性能を持つAIモデルの提供を開始したのがきっかけだ。生成AIのトレーニング（学習）には膨大な数の半導体が必要で、これまで見てきた通り、エヌビディアのGPU（画像処理半導体）はこの分野で世界的に無双状態にある。ところが学習にそれほど計算資源が必要ないのであれば、エヌビディアのGPU需要は減少するはずだ。市場はこう判断した。

一方、テック企業を担当するアナリストからは「低コストは『誤解』だ」との意見も出ている。ディープシークはAI学習にパラダイムチェンジを起こすのか。死角の1つ目として、ディープシークをはじめとする中国勢の動きを見ていきたい。

エヌビディアの時価総額91兆円が蒸発

２０２５年1月27日、半導体株などのＡＩ関連銘柄は大幅安となった。エヌビディアは一時17%下落。時価総額にして約５９００億ドル（約91兆円）が吹き飛んだ。米ブルームバーグ通信はこれを個別企業の１日の時価総額下落幅として史上最大額だと報じている。

米ブロードコムは同17%、ナスダックに上場している英アーム・ホールディングスは同10%、それぞれ下落した。半導体だけでなく、米グーグルの親会社である米アルファベットが同４%、米マイクロソフトも同２%安となり、クラウドなどのＡＩインフラを提供する企業にも影響が及んだ。

ディープシークは２０２３年に創業した中国のＡＩ開発企業だ。創業者は１９８５生まれの梁文峰氏。広東省出身の梁氏は浙江大学でコンピューター工学を専攻し、その後ヘッジファンド運営に携わった。ＡＩモデルを開発する他、自社開発のモデルを利用したＡＩチャットボットを提供している。チャットボットのアプリは1月時点で米国のｉＰｈｏｎｅ向け無料アプリランキングでＣｈａｔ《チャット》ＧＰＴを抑えて1位となっていた。

世界に衝撃をもたらしたのは、ディープシークのＡＩモデルの性能の高さと桁外れに安い学習コストだ。同社は２０２４年12月に公開した主力モデル「DeepSeek-V3（以下、Ｖ３）」について「米オープンＡＩのＡＩモデル『ＧＰＴ－４ｏ』と同等の性能を持ちながら、学習コストがわずか約５６０万ドルだった」としている。

オープンＡＩはＧＰＴ－４ｏの学習コストを明らかにしていない。ただ競合企業である米アンソロピックのダリオ・アモデイ最高経営責任者（ＣＥＯ）は２０２４年７月に登壇したイベントで、現行モデルの学習に1億ドルを要しており、次世代モデルの学習費用は「10億ドルになる」とコメントしている。

しかもディープシークはＶ３の学習に、エヌビディアの主力ＧＰＵ(画像処理半導体)「Ｈ１００」ではなく、性能を落として中国向けに輸出したＧＰＵ「Ｈ８００」を利用したとしている。

ＡＩモデルの開発に当たっては、学習に利用するデータの量と計算量、モデルのパラメーター数の3つが大きくなればなるほど性能が向上するという「スケーリング則」が信じられてきた。オープンＡＩが公開した論文で示したものだ。実際、ＣｈａｔＧＰＴ以降のＡＩブームにおいて、オープンＡＩやグーグルなどは、ＡＩ学習における「規模の競争」を

ディープシークの登場で2025年1月に一時、AI関連銘柄が大幅安となり、「ディープシーク・ショック」と呼ばれた（写真：日経クロステック）

続けてきた。1月にはソフトバンクグループとオープンＡＩ、米オラクルなどが米国でＡＩインフラに5000億ドルを投資すると発表したばかり。このプロジェクトにもエヌビディアが技術協力をする。

ディープシークのＡＩモデルは、この競争に「待った」をかけた。米投資銀行ウィリアム・ブレアのアナリスト、セバスチャン・ナジ氏は「（ディープシークの）ニュースは、米国の大手テック企業がＡＩモデルの学習に数十億ドルを投じている現状を揺るがすものだ」と指摘する。

ただし、低コストＡＩモデル登場が、

過熱するＡＩ半導体投資を終焉《しゅうえん》に導くとの結論は短絡的に過ぎる。アナリストや専門家からは「株価暴落は過剰な反応だ」との声が上がる。

「わずか560万ドルで開発」の嘘

過大評価を指摘する根拠は３つある。１つ目は、コストのからくりだ。「わずか560万ドル」という数字が一人歩きしているものの、ディープシークの技術リポートによれば、この費用には先行研究などのコストが含まれていない。

ディープシークのＶ３は、混合エキスパート（Mixture-of-Experts：MoE）と呼ぶ手法を採用したＡＩモデルだ。複数の専門モデルを組み合わせることで、開発コストを抑えながら性能を向上できる手法として知られる。多くの専門家を抱えて、得意な専門家がそれぞれの質問に答えるようなイメージだ。

一方で、同社の技術リポートによると、560万ドルのコストは「Ｖ３の公式トレーニングのみ」であり、「アーキテクチャーやアルゴリズム、データに関する先行研究は含まれていない」としている。ここに専門家は疑問を抱いている。米国のAI開発企業のエンジニアは「このリポートだけを読んでも。どこまでを『トレーニング』と呼ぶかはっきりせず、560万ドルを鵜呑みにすることはできない」と話す。

V3をベースに性能を向上させて2025年1月に公開した「DeepSeek-R1（以下、R1）」はV3をベースに強化学習を加えて性能を向上させたものだが、ディープシークは強化学習などのコストを明らかにしていない。

米半導体メーカーのあるエンジニアは「V3開発の基となっている専門モデルのコストが含まれているかどうか分からないので、一概に他のモデルと比較はできない」と指摘する。ベースとなるモデルには従来通り、巨大な投資が必要だとする意見だ。

米調査会社バーンスタインで半導体担当のアナリストを務めるステイシー・ラスゴン氏は「SNSで広がったパニックは過剰反応だ」としている。「ディープシークは500万ドル程度でオープンAI（のモデル）を構築したのではない。モデルは素晴らしいものだが、奇跡ではない」（ラスゴン氏）

加えてV3には、「蒸留」疑惑も飛び出している。英紙フィナンシャル・タイムズは1月29日、ディープシークがオープンAIのAIモデルを蒸留することで自社のAIモデルを開発している証拠があると報じた。蒸留とは、学習済みＡＩモデルの知識を別のモデルに移転させるプロセスのこと。元のモデルを「教師モデル」、移転させるモデルを「生徒モデル」と呼ぶ。

大量のデータを基に学習した教師モデルはパラメーター数も多く、開発に膨大なコストがかかる。また、推論コストもかさむことから運用の費用対効果は想定的に高くない。そこで、蒸留することで知識を移転すれば、精度はやや劣るものの小さくて速いモデルを構築できる。大きなモデルをベースに小さなモデルに移転させるのが蒸留の一般的な手法だ。

報道では、ディープシークがオープンＡＩのモデルを教師として生徒モデルを開発した疑いがあるとしている。オープンＡＩは利用規約で同社のＡＩモデルが出力したデータを別のＡＩの学習に利用することを禁じている。

こうした疑惑が生じていることからも、「５６０万ドルで開発した」という技術リポートの数字に一部の専門家は首を傾げている。

２つ目は、比較的性能が劣るＧＰＵ「Ｈ８００」で開発したというディープシーク側の主張の真偽だ。確かに米国はバイデン政権下の２０２２年にハイテク製品の中国向け輸出規制を始め、２０２３年に規制を強化。高性能ＧＰＵ「Ｈ１００」をはじめとするエヌビディアの主力GPUは輸出禁止の対象になっている(現在はH800も規制対象)。一方、ディープシークがその規制を潜り抜けてH100を入手したと主張する声もある。

「私の理解では、ディープシークはH100を5万個保有している。(米国の)輸出規制の対象になるため、(ディープシークは)当然それを明らかにすることができない」。AI向けトレーニングデータを提供する米スケールAIのアレクサンドル・ワンCEOは米CNBCのインタビューでこう主張した。米半導体調査会社、セミアナリティクスの創業者であるディラン・パテル氏もXで「5万個以上」と投稿した。

一方でディープシークは技術リポートで、GPUを利用する手法を自ら考案したことで、コスト削減を実現したとしている。1つは演算精度の設定だ。一般的にAIモデルの学習ではFP16と呼ぶ演算精度を利用する。一方、ディープシークは精度を落としたFP8との混合精度を採用したとしている。FP8の採用はこれまでも半導体の消費量を抑えるために、主に推論段階で活用されてきた手法だが、学習で採用するのは極めて珍しい。

もう1つは、GPU間の通信を制御する「カーネル」の独自開発だ。AIの学習では、異なるGPU同士を通信する際、データの送受信に加えて、プログラムの切り替えなどの余計な処理が発生する。この処理を「通信オーバーヘッド」と呼び、通信の帯域幅を無駄に消費してしまう。このオーバーヘッドがＡＩ学習でボトルネックになることが少なくない。ディープシークはカーネルを独自開発し、ＧＰＵ間通信の帯域不足を解消。同社は計算への悪影響を「ほぼゼロに抑えた」としている。ディープシークがこうした高い技術を持つことに疑いはないだろう。

火消しに走ったエヌビディア

ただし、学習にどの半導体を利用したかを確かめるすべはなく、ディープシークの主張を立証するのも覆すのも難しい。

1月27日、エヌビディアはディープシークがＨ１００を使っているという疑義について火消しに走った。筆者が所属する日経ビジネスなどのメディアに対し、「ディープシークは、広く利用されるモデルと（米国の）輸出管理に完全に準拠したコンピューティングを活用し、この手法を用いて新しいモデルを作成する方法を示した」とする声明を出した。

この声明は、Ｈ１００を使用したのではないかとの疑義に対して、ディープシークが輸出規制に違反して中国に持ち込まれたGPUは使っていないとの認識を示すものだ。裏を返せば、エヌビディアが輸出規制を破って出荷しているわけではないことを強調する意味合いもあると言える。

3つ目は、ディープシークの手法が技術的なブレイクスルーだったとしても、それがすなわち学習ニーズの大幅な減少を意味しないという点にある。「ディープシークが（エヌビディアの新しいGPUアーキテクチャーである）ブラックウェルや（現行アーキテクチャーの）ホッパーでの事前学習を否定するものではない。GPUの需要が減少するというシナリオに私は懐疑的だ」。ブラジルのイタウ・ウニバンコ銀行で米半導体銘柄を担当するチアゴ・カプルスキス氏はこう話す。

エヌビディア自身も、前述の声明で計算資源のニーズについて言及している。「ディープシークはテストタイム・スケーリングの完璧な例だ」と持ち上げた。

テストタイム・スケーリングとは、推論（質問に対するAIの回答）に投入する計算量が増えるほど精度が向上する法則で、推論のスケーリング則と言える。オープンAIが推論を強化したAIモデル「OpenAI o1（オーワン）」で示した法則である。

エヌビディアのジェンスン・ファンCEOは2025年1月上旬に開催された世界最大

級のテクノロジー見本市「CES 2025」の基調講演で、「3つのスケーリング則」がAIを進化させていると説明していた。

1つ目が事前学習、2つ目が強化学習、そして3つ目が推論のスケーリング則で、ファン氏は講演で、「スケーリング則は進化し、私たちが必要とする計算量は信じられないほどだ」と強調した。スケーリング則が推論にも当てはまることから、推論でも学習と同様に「規模の競争」が起こると主張したわけだ。

ディープシークに対する声明でも、推論で膨大な計算が必要であることを示し、ディープシークのような低コストAIモデルが台頭しても、引き続きGPUにニーズがあると訴えた。

ディープシークのAIモデルが優れており、無料で提供されるAIチャットボットがユーザーに有益であることに疑いはない。ただし、それがAIに対する巨額投資を無価値化するとの意見は近視眼的であり、冷静な議論が必要になるだろう。

ディープシーク以外も続々、中国「AIの虎」6社

ディープシークは、米国による先端半導体の対中輸出規制の条件下で台頭した。逆に言えば、エヌビディアの最先端GPUが利用できないという制約が、通信カーネルの独自開発や混合精度によるコスト削減といった発明を促したとも言える。

ディープシークだけではない。中国には独自のAIエコシステムが構築されつつあり、ディープシークと同様にGPU需要そのものを揺るがす革命を起こすかもしれない。将来的にエヌビディアの競合となる半導体スタートアップが登場する可能性もある。中国の大手テック企業から巨額の調達をし、中国で「AIの虎」と呼ばれる6社を紹介しよう。

1社目は階躍星辰（ステップファン）。米マイクロソフトで上級副社長を務めた姜大昕氏が起業したAIモデル開発企業だ。創業は2023年4月でAIモデル開発企業では後発組だが、上海市による政府ファンドや中国テンセントなどからの出資を受け、2024年3月には既に企業評価額が10億ドルを超えるユニコーン企業となった。

同社は超高性能なAIモデルが高い評価を受けている。言語モデル「Ｓｔｅｐ－２」のパラメーターは1兆を超えており、言語モデルの性能を比較するウェブサイト「ライブベンチ」ではオープンAIの「ｏ３」やグーグルの「Ｇｅｍｉｎｉ（ジェミニ）」などと並んで高い得点を得ている。２０２５年2月15日時点で、中国勢ではディープシークのV３、アリババ集団の「通義千問（Ｑｗｅｎ）」に次いで3位だ（全体では16位）。マルチモーダルの「Ｓｔｅｐ－１Ｖ」も高精度な画像出力などが注目を集めている。

2社目の百川智能（バイチュアンAI）は、中国の大手検索エンジン「捜狗（ソーゴウ）」でCEO（最高経営責任者）を務めた王小川氏が設立した。中国現地の報道によれば、中核はグーグルやマイクロソフトなどの米巨大テック企業やテンセントやバイドゥなどの中国勢から引き抜いたAIエンジニアだという。ステップファンと同様、大規模言語モデルの開発を進めているが、特に医療系に重点を置いていると見られる。

3社目は、アリババやテンセントなどが出資する「ＭｉｎｉＭＡＸ（ミニマックス）」。２０２５年1月に新しいAIモデルを発表し、話題を呼んでいる。同社によれば、テキストモデルである「MiniMAX－Text－01」は、数学などのベンチマークでグーグルの最新モデルである「ジェミニ2・0 フラッシュ」を上回ったという。モデルに入力できる文字

中国のビッグテックが出資する「AIの虎」

企業名	評価額	主な出資元
ムーンショットAI	33億ドル	アリババ、テンセント、ホンシャン、メイトゥアン
ジプーAI	30億ドル	アリババ、テンセント、ホンシャン、メイトゥアン、プロスペリティ7
バイチュアンAI	28億ドル	アリババ、テンセント、シャオミ
ミニマックス	25億ドル	アリババ、テンセント、ホンシャン
01.AI	10億ドル	アリババ、シノベーションベンチャーズ

中国で「AIの虎」と呼ばれるスタートアップ。テンセントなど中国の大手IT企業からの出資が相次いでいる（米CBインサイツの資料に筆者が加筆）

数を示すコンテキストウィンドウが長いのも特徴。これまで、グーグルのジェミニ1・5プロの200万トークンが史上最長と言われてきたが、ミニマックスのモデルは400万トークンを上限としている。

ディープシークがAIモデル「R1」を公開した2025年1月20日、別のAIモデルも話題となった。4社目として紹介する月之暗面（ムーンショット）の「Kimik1・5」だ。米アンソロピックの「Claude 3.5 Sonnet」を超える推論能力を備え、オープンAIの「o1」並みの性能を持つとしている。米CBインサイツによれば、企業評価額は33億ドルで「AIの虎」6社でトップとなっている。

5社目は智譜AI（ジプーAI）。2019年創業で、AIスタートアップでは比較的古株である。精華大学発のAIモデル開発企業だ。AIモデルは「GLM－4」、対話型AIは「ChatGLM」という名称で、オープンAIを意識していることが読み取れる。米政府はジプーAIが中国の軍事技術に関与していると主張しており、政府の禁輸リスト（エンティティーリスト）に追加している。

最後の6社目は、グーグル出身で中国法人代表を務めた李開復（カイフー・リー）氏が率いる零一万物（01・AI）だ。高い性能を誇る大規模言語モデルが評価されてきたが、2025年に入って巨大なAIモデルの開発から撤退し、ディープシークのようなMoEの開発に方向転換したと報じられている。

AIの虎以外にも、最先端のAI研究で知られる面壁智能（モデルベスト）や無問芯穹（インフィニジェンスAI）などの企業もアカデミアを中心に高い技術力が評価されている。こうした中国AIスタートアップが、ディープシークのような衝撃を再度もたらす可能性がある。

死角②

AIのフェーズは学習から推論へ

死角の2つ目は、AIの実装フェーズが学習から推論へと移行している点にある。学習とは、AIに大量のデータを与えてトレーニングすることを指し、膨大な計算資源が必要となる。一方で推論は、学習済みのAIを様々なサービスで利用すること。ChatGPTを使って実際にユーザーがAIから回答を得る段階を指す。推論には、学習と比較すると相対的に計算資源は少なくて済むと言われてきた。

2027年までに推論が学習を逆転する

学習と推論の半導体需要を実際に推計するのは困難だが、2024年1月時点で、スイスの金融機関であるUBSは学習用が9割を超えているると試算していた。2022年11月にＣｈａｔＧＰＴが登場してから、グーグルやオープンＡＩなどはこぞってＡＩモデルの性能を上げる学習競争を繰り広げてきた。本書で何度も述べている通り、学習とは規模の競争であり、高性能なＡＩの開発にはデータセンターに搭載される大量のＧＰＵが必要だった。

しかし、消費者や企業は、高性能なＡＩが「開発された」ことではなく、そのＡＩを「利用する」ことで初めて恩恵を受ける。ＡＩの実装が進むほど、フェーズは学習から推論に移行するのは自明だ。米コンサルティング会社アーサー・ディ・リトルはＡＩが幅広く利用されることで推論市場が拡大し、「２０２５～２７年のどこかで学習市場と推論市場が逆転する」と予想している。

象徴的なプレゼンテーションがあった。２０２４年12月、クラウドの世界シェアトップである米アマゾン・ウェブ・サービス（ＡＷＳ）の年次開発者向けイベント「re:Invent」の基調講演だ。毎年、米ラスベガスで開かれるこのイベントは、ＡＷＳが数十件もの新サービス・機能を発表する。参加するためのチケット価格が２０００ドル（30万円）を超えるにもかかわらず、世界中から6万人（２０２４年の実績）の開発者が「クラウドの最先端」を見ようと集まる。

CEOとして初めて年次イベントに登壇したAWSのマット・ガーマン氏。ビルディングブロックの4つ目に「推論」を加えた（写真：AWS提供）

その中で最も注目されるのが、CEOによる2日目の基調講演。2024年はマット・ガーマン氏がCEOに就いて初めての登壇だった。彼はプレゼンを古参の開発者にとって懐かしい表現で始めた。AWSが初期から使っている概念である「ビルディングブロック」を使って新サービスを整理し始めたのだ。クラウドには多種多様な技術やサービスがあるが、ユーザーはそのサービスをブロックのように組み合わせて積み上げることで、個別のニーズに合ったシステムを実現できる。これをAWSはビルディングブロックと呼んできた。

ガーマン氏は、従来あるビルディングブロックの領域として、「コンピュート」「ストレージ」「データベース」を挙げた。技術的な解説は割愛するが、それぞれAWSの中核をなすサービスである。そしてガーマン氏は4つ目のビルディングブロックとして「推論(Inference)」を挙げた。

ラスベガスの会場で基調講演を聞いていた筆者はその推論というキーワードにAWSの決意を感じた。なぜなら、普通に考えたら4つ目の柱は「生成AI」または「AI」だろう。AWSはあえて、2024年では主流であるAIの「学習」ではなくAIの「推論」に焦点を絞ったのだ。前述した通りAIの学習はユーザーに恩恵を与えない。推論を伴うサービスこそが市場を拡大する肝であり、AWSがそこにリソースを投じる覚悟が見えた。「生成AIは全てのアプリにとって核となるブロックになる。今後のアプリは何らかの形で推論を必要とする」。ガーマン氏はこう解説した。業界最大手が学習から推論への移行を促しているのだ。

2025年2月の決算説明会で、米アマゾン・ドット・コムのアンディ・ジャシーCEOはディープシークについて触れ、「彼らの推論への最適化は非常に興味深かった」とコメント。軽いモデルによる推論は大規模な計算資源を必要としないことから「推論にかかるコストは今後、大幅に下がるだろう。企業が全てのアプリに推論を導入することが容易になる」と歓迎した。

学習用のAI半導体は主にデータセンター向けで、エヌビディアが最も得意とする領域だ。一方で、推論にはGPUはオーバースペックだと指摘する声もある。グロスバーグ代表で半導体アナリストの大山聡氏は「エヌビディアのGPUが得意なのはAIの学習。推論への移行が進むほど逆風になるのは確かだ」と解説する。

「推論へのシフトは、エヌビディアが市場シェアの5%を失い、最大100億ドルの減収となる可能性を意味する」。米AI半導体スタートアップ、サンバノバ・システムズのロドリゴ・リアンCEOは2025年1月、こんな衝撃的な予測を発表した。リアン氏は2025年が「GPUが初めて直面する真の挑戦」の年になるとしている。

オープンAIが示した「推論でも規模の競争」

学習から推論への移行は、エヌビディアにとって逆風なのか。そうとも言い切れない技術的な動向もある。オープンＡＩが2024年9月に公表した新しいＡＩモデル「ｏ１（オーワン）」で示した「新たな法則」が問題を複雑にしている。ｏ１はオープンＡＩの従来のＡＩモデル「ＧＰＴ」ファミリーとは開発手法が異なる。論理的思考(reasoning と呼ぶ)を強化し、科学や数学などの難問を解けるＡＩとして知られる。

オープンＡＩはｏ１の開発に当たって、２つの新しい法則を示している。１つは学習について、「強化学習」と呼ぶＡＩ自ら試行錯誤するフェーズの計算量を増やせば増やすほど精度が向上するという法則で、以前からあった学習におけるスケーリング則の延長線。もう１つが、モデルの推論における計算量を増やすほど精度が改善するという全く新しい法則だった。つまり、「規模の競争」が学習だけでなく推論にも当てはまると論じたのだ。

推論における規模の競争の兆候は他にもある。前述のＡＷＳの年次イベント re:Invent で筆者が意外に感じた発表があった。それは、「学習用の半導体」を使って「推論のレイテンシー（遅延時間）を短くする」という一風変わった新機能だった。

詳細は「死角④」で解説するが、ＡＷＳは自前で半導体を開発しており、学習用の「トレーニアム」と推論用の「インファレンシア」の2種類を実際に運用してきた。トレーニアムは高速なデータ転送が可能なメモリーを搭載し、演算能力も高い一方で、インファレンシアは規模の比較的小さい計算＝推論を低コストで行うことが可能だ。

常識的に考えれば、推論のスピードを上げるには推論用のチップを使うのが王道だろう。しかしこのサービスは、高速化に学習用のチップを使うというのだ。オープンＡＩのライバル企業である米アンソロピックの共同創業者、トム・ブラウン氏は、この学習用チップを使った推論高速化で、同社のＡＩモデルの推論が「60％高速化した」と述べている。

その発表の翌日、日本経済新聞は「アマゾンが推論用チップの開発を終了し、学習用に専念する」と報じた。筆者も事実関係を確認済みで、インファレンシアの開発は既に停止しているという。アマゾン自身が「推論の時代」だと言っているのに、推論のチップから撤退するというのだ。

これらを総合すると、以下のことが言えるだろう。オープンＡＩがｏ１で示したように、推論でも規模が求められる時代になりつつある。学習で見られた規模の競争は推論でも繰り広げられる可能性が高い。一方で、推論用のインファレンシアでは高速な計算に限界があり、メモリー容量も大きいトレーニアムをベースに推論もできる学習・推論向けのチップとして開発するのが適切だ――。

エヌビディアのファン氏も、この「推論における規模の競争」を主張している。

2025年1月のCESの基調講演でもo1に触れ、スケーリング則が学習から推論に広がっていると強調。エヌビディアのGPUの計算能力がこれからも必要だと訴えた。

AIのフェーズが実装段階に入り、需要が学習から推論に移行するのは間違いない。問題は、推論における計算量だ。従来考えられていたように、比較的少ない計算量で、推論用チップが向くのか、それとも推論も規模が今後拡大し、GPUや学習用チップのような高性能チップが必要になるのか。米半導体メーカーのエンジニアは「もし推論に計算量が必要だったとしても、これまでの学習用の転用ではなく、高速な推論用チップを開発したほうが効率的だ」と指摘する。

一方で、推論への移行は進むが学習需要は減らないとの見立てもある。コンサルティング会社、グロスバーグ代表で半導体アナリストの大山聡氏は最近、「エヌビディアの覇権はもって2~3年」という持論を修正。「当面続く」と見る。

大きな理由はデータセンター需要の見通しだ。大山氏は、今後もAIの学習ニーズが縮小しない可能性が高いと考える。「利用ニーズのほうが圧倒的に伸びるのは確かだが、より性能の高いAIをつくる必要性もまだある」

AIの推論にどれだけ高性能な半導体が必要なのか、そして学習需要の先行きはどうなるのか。この点は今後のエヌビディアの業績における焦点であり、注視が必要だろう。

AI実装で進む「もう1つの」移行

ここまで学習から推論への移行を論じてきたが、AIの実装フェーズではもう1つの移行が進んでいる。それが、「クラウドからエッジ」への移行である。エッジとはパソコンやスマホ、ロボットなどの端末を指す。学習は主にデータセンター（＝クラウド）で行われてきたが、推論はエッジ側で可能になる。クラウドにその都度、データを送らずに推論できるので高速な処理が可能であり、何よりネットワークの心配がない。

グーグルや米マイクロソフトは、端末側でAIが動く「AIスマホ」や「AIパソコン」を展開中だ。米半導体メーカーのクアルコムなどはこうしたニーズをつかまえようと、端末でAIを動かす半導体に注力している。

一方で、エヌビディアは端末に載せる半導体で苦い経験を持つ。2012年に、エヌビディア製チップとモデムを搭載した富士通のスマホで発熱や不具合が相次いで発生。その後も需要は伸びず、2015年にはスマホ市場から撤退した。

消費電力の大きさも指摘されている。「こんなチップを搭載したら、他の車載電装品が全て止まってしまう」。デンソーのあるエンジニアはこう嘆く。自動運転の試作車にエヌビディア製GPUを搭載したところ、消費電力の大きさが問題になったという。「試作車はともかく、量産車に搭載するのは難しい。とはいえ、GPU以外では性能が足りないのも事実だ」と話す。

もっとも、現在は任天堂のゲーム機「ニンテンドースイッチ」にGPUが採用され、「社内に端末用チップの苦手意識はない」（エヌビディアのエンジニア）。スマホからの撤退も「プレーヤーが多い市場まで手掛ける必要はない」（ロボット事業を担当するディープゥ・タッラ副社長）という基本戦略に立ち返った判断だったとの見方もある。

学習から推論へ、クラウドからエッジへ——。AIで進む2つの移行が、エヌビディアにとっていずれも逆風になりかねない。

死角③

AI需要に思わぬボトルネック、電力は足りるか

エヌビディアの業績は、AIブームで生じた果てしない計算資源への需要に支えらえられている。売上高ベースでは、約9割がデータセンター向けGPUだ。つまり、データセンターが建設されればされるほど、エヌビディアの売り上げが伸びることになっている。データセンターは世界的に建設ラッシュが続き、データセンター事業者やサーバーメーカーは好況に沸く。一方、その裏で「資源枯渇」のリスクが顕在化しようとしている。国際エネルギー機関は「今後4年で電力消費量が2倍になる」と予測し、電力不足の恐れが急速に高まってきた。電力だけでない。サーバーを冷やすための「水」について専門家は「緊急措置」が必要だと警鐘を鳴らし、送電線やネットワークケーブルに必須の「銅」は2024年5月に史上最高値を更新した。電力や貴重な資源は、今後のAI需要を支え続けられるのか。エヌビディアの死角の3つ目として、電力や資源の枯渇リスクを取り上げたい。

マイクロソフト、ついに原発を動かす

大量の電力を消費するＡＩブームのうねりが、ついに廃炉作業が進む原発を再稼働させる動きにまで発展した。米電力大手のコンステレーション・エナジーは２０２４年９月20日、米東部ペンシルベニア州にあるスリーマイル島原発1号機を再稼働させると発表した。同原発はメルトダウンが発生した事故で知られている。

コンステレーションは米マイクロソフトがＡＩ向けに運用するデータセンターに対し、20年間にわたって独占的に電力を供給する。1号機の出力は８３５メガワット。1メガワットで約３００世帯の年間電力を賄えるとされており、単純計算で約25万世帯分の電力を原発から民間企業1社に独占供給するという異例の契約だ。

生成ＡＩによってデータセンターの消費電力量が急増。電力不足のリスクは既に顕在化しており、米国では石炭火力発電所の閉鎖を撤回するといった脱炭素の潮流に逆行する動きも起きている。原発再稼働に石炭火力の延命――ＡＩで米国の電力市場が揺れている。

スリーマイル島原発では１９７９年に2号機がメルトダウン（炉心溶融）する事故が発

生。2号機に隣接する1号機は事故後も運転を続けたが、その後、開発・利用が進んだシェールガスなどによるエネルギー価格下落を受けて競争力が低下し、2019年9月に運転を停止。60年にわたる廃炉作業が始まっていた。

コンステレーションは2024年9月、投資家向けに今後4年間で16億ドル（約2300億円）を投じて1号機を改修すると説明。再稼働は2028年を予定しているという。ただし原発の再稼働には米規制当局の許認可が必要となる。

2024年1月、国際エネルギー機関（IEA）は衝撃的な試算を発表した。生成AIの利用拡大を背景として、2026年に世界のデータセンターやAI、仮想通貨などによる消費電力量が2022年比で最大で2・3倍程度に膨れ上がるという。

IEAの推計では、米オープンAIのChatGPTが1回のクエリー（処理要求）に回答するための消費電力量は2・9ワット時で、グーグル検索の約10倍に相当する。AIによる膨大な計算量を支えるためにデータセンターの消費電力量が急増し、2022年の約460テラワット時から2026年には620テラ～1050テラワット時に達するとした。1000テラワット時は日本国内の年間消費電力量に匹敵する規模だ。

米国ではデータセンターの建設ラッシュが続く。米商業不動産サービス大手のCBRE

によれば、2024年1〜6月期に北米市場で建設中のデータセンターは前年同期と比較して69％増え、電力供給量は同24％増加した。データセンター用地の選定では、電力供給能力が最重要視されているという。

数の増加に加えて、規模の拡大もトレンドだ。「これからのデータセンター（の最大規模）は（消費電力）1ギガ〜2ギガワットになる可能性がある。この規模は前例がなく、物理的な面積もはるかに大きくなる」。2024年4月に米ワシントンDCで開かれたカンファレンス「データセンターワールド」の基調講演で、米データセンター事業者、ランシアムのアリ・フェン社長はこう述べた。同社によれば米巨大テック企業はギガワット規模のデータセンター用地を既に探し始めているという。

AWSは原発から直接電力供給

これまでデータセンターの電力調達には、昼夜問わず発電・供給できる安定性と、気候変動に対する国際的な合意に基づいた脱炭素電源であることが求められてきた。特にマイ

タレン・エナジーが操業するサスケハナ原子力発電所。隣接するデータセンターに電力を直接供給する（写真：タレン・エナジー提供）

クロソフトやグーグル、AWSといった大手クラウドプロバイダーは軒並み、再生可能エネルギーでの100％調達を目標としている。

それに加え、AIの普及によって消費電力量の大幅な増加が見込まれることから、大規模であることも求められるようになった。各社はこうした「安定性」「脱炭素」「大規模」の3条件を満たす電源として、原子力発電や地熱発電にスポットが当たっている。

原発と急速に距離を縮めたのはマイクロソフトだけではない。米独立系電力会社のタレン・エナジーは3月、同社が米ペンシルベニア州に所有するデータセンター「キュムラス・データ」をＡＷＳに６億５０００万ドルで売却したと発表した。

キュムラスは、隣接する敷地でタレンが操業するサスケハナ原子力発電所（出力容量約1・3ギガワットの原子炉が2基）から直接、電力供給を受けるデータセンターだ。タレンによれば、原発から直接的に電力供給を受けるデータセンターは米国初で、２０２３年に完成したばかりだ。

タレンの投資家向け説明資料によれば、ＡＷＳとタレンは10年間の電力購入契約（ＰＰＡ）を結んだ。毎年１２０メガワットずつ電力供給を増やす契約となっており、ＡＷＳは最終的にデータセンターを消費電力９６０メガワットまで拡張する計画だ。つまり１ギガワット級のデータセンターが誕生することになる。

核融合エネルギーへの投資も相次ぐ。マイクロソフトは２０２３年5月、米核融合スタートアップのヘリオン・エナジーから２０２８年までに核融合技術で発電した電力を購入することで合意した。同社はオープンＡＩのサム・アルトマンＣＥＯが２０２１年11月に3億７５００万ドルを出資したことでも知られる企業だ。グーグルも米マサチューセッツ工科大（ＭＩＴ）発の米核融合スタートアップ、コモンウェルス・フュージョン・システムズに出資している。

ただし核融合による電力安定供給にはまだ時間がかかる。一方、データセンターは急増しており、先端技術だけでは賄いきれそうにない。そのため消費電力量の増加による弊害も現れ始めた。

逆回転する脱炭素の潮流

2023年6月、ミズーリ州とカンザス州に電力を提供する米エバジーは石炭火力発電所の閉鎖計画を撤回。2028年までは引き続き稼働すると発表した。同社は2021年、出力700メガワットの太陽光発電施設を2024年末までに建設する計画を公表していたが、これも撤回。脱炭素化に向けた計画が大きく後退した形だ。

「パナソニックの電気自動車用バッテリー製造工場や米メタ(旧フェイスブック)のデータセンターのような超大型プロジェクトに加えて、両州における経済発展などを受けて、我々のサービス提供エリアでは過去数十年で最も堅調に電力需要が伸びている」。同社は石炭火力発電所の閉鎖計画を撤回する声明の中でこう説明した。メタのデータセンターは2023年後半に完成した。

エバジーだけでなく、米アライアント・エナジーや米ファーストエナジーも2024年に入って石炭火力発電所の廃止・転換計画を取りやめた。ファーストエナジーは2030年までに2019年比で二酸化炭素の排出量を30％削減するという目標も撤回した。

2025年1月に発足したトランプ政権は気候変動対策の国際的枠組み「パリ協定」からの離脱を決めた。トランプ大統領は石油・天然ガスを「掘って、掘って、掘りまくる」と何度も発言しており、米国の化石燃料回帰はしばらく続きそうだ。

「米国の電力網は大幅な負荷増加への備えができていない」。米調査会社のグリッド・ストラテジーズは2023年12月、「電力需要が横ばいの時代は終わった（The Era of Flat Power Demand is Over)」と題したリポートでこう指摘した。電力需要増加で原発が再稼働する動きが起こったり脱炭素の潮流が逆回転したりする事態が発生する米国。AIが電力市場にパラダイムチェンジを迫っている。

グーグルが街の水4分の1を牛耳る

「水資源の豊かな日本ではまだ顕在化していないが、世界ではデータセンター用の取水量が地域の重要な問題になっている場合がある」。IDC Japanでデータセンター分野のアナリストを務める伊藤未明リサーチマネージャーはこう指摘する。

米オレゴン州ダレス。グーグルが2006年に開設したデータセンターから、夕方になると霧のような水蒸気が舞い上がる。

2022年12月、情報公開によってグーグルが市内の総水使用量の29%を利用していることが明らかになった。使用量をめぐってはダレス市が「企業秘密」として地元紙の情報公開請求に応じず、公開を阻止するために市が地元紙を訴える法廷闘争に発展していた。同月に和解し、市がグーグルによる過去10年分の水使用量を公開した。

水資源に乏しいオレゴン州では毎年のように干ばつ被害が発生する。ダレス市内でも2010年代以降、たびたび干ばつが発生しており、NPO団体の米ウォーターウオッチは「データセンターの水使用量が増えていけば、水利用者に深刻な影響を及ぼす可能性が

米オレゴン州ダレスに位置するグーグルのデータセンター。屋上のクーリングタワーから冷却のための水蒸気が霧のように舞い上がる（写真：グーグル提供）

ある」と指摘している。

水不足が深刻化する南米ウルグアイでは、グーグルが南部のカネロネスで計画中のデータセンターを巡って2023年から抗議運動が起こっている。同年、ウルグアイでは過去数十年で最悪とも言われる干ばつが発生していた。グーグルによれば、同社全体の取水量のうち、69％が水不足の少ない流域から、16％が水不足の中程度の流域から、15％が水不足の多い流域からだったという。

地域との「奪い合い」に発展しかねないデータセンターの水問題。大手テック企業は「節水」データセンターに舵《かじ》を切りつつある。

グーグルは2023年12月、データセンター建設地を評価するために「水リスクフレームワーク」を発表。地元水道局などのデータを基に、現在と将来の水需要・供給量を比較し、流域の健全性を評価し、リスクが高い場合にはデータセンターで利用する代替の冷却方式を検討する。全ての新設計画で同フレームワークを採用。既存施設を含め、3～5年ごとにリスク評価を見直す。

抗議活動が続くカネロネスや米アリゾナ州メサでは「流域が水冷方式の基準を満たさなかったため、空冷技術を使用する予定だ」（グーグル）。ダレスのデータセンターについては雨期の余剰水をくみ上げて夏季に利用できる帯水層貯留・回収システムを2023年に稼働させ、地元河川への依存を少なくしているという。

市場最高値を更新した「銅」のゆくえ

AIによって需給バランスが崩れ、価格が急騰したのが「銅」だ。電力ケーブルや精密機器などに幅広く利用され、「電化の金属」と呼ばれる銅に顕在化したリスクを解説しよう。

米ゴールドマン・サックスが2021年に「新たな石油（Copper is the new oil）」と呼んだ銅の供給不足リスクがにわかに注目されている。生成AIブームを背景とするデータセンター建設と電力需要の増大が、銅需要に拍車をかけているからだ。

銅は高い導電性と熱伝導性を持ち、安価で加工性にも優れることから、幅広い産業で利用されている。エネルギー・金属鉱物資源機構（JOGMEC）によれば、主要な用途は、①電力ケーブルや通信ケーブル、自動車や電車などの配線といった電線、②発電機や半導体のリードフレームなどの加工品――の2種類だ。

電化の金属と呼ばれるように、近年では電気自動車（EV）や太陽光発電・風力発電などの再生可能エネルギーに必須の資源として注目されてきた。EVにはガソリン車の4倍の銅が必要とされる。ゴールドマン・サックスが新たな石油と呼称したのも、こうしたエネルギー転換のトレンドを踏まえたものだ。

さらに生成AIブームが銅需要に拍車をかける。指標となるロンドン金属取引所（LME）3カ月先物は2024年5月に1トン1万1000ドルを超えて史上最高値を更新した。製造業の業績回復が相場を押し上げたほか、「AIが需要を加速させる」との観測が浮上したためだ。2025年は投機マネーの流出などによって9000ドル前後で推移しているが、依然として高値を保っている。

世界の銅関連企業が加入する国際銅協会によれば、世界の銅需要は2020年時点で年間2830万トン程度。需要全体に占めるAI向けデータセンターの割合はまだ小さいものの、調査会社各社はこぞってAIによる銅供給リスクを訴え始めた。

例えば米金融大手のJPモルガンはAI用データセンター向けで2030年までに年間260万トン（2020年時点の世界需要全体の9・2％）の銅需要が発生すると予測する。データセンターの電力容量が1メガワット増えるごとに20～40トンの銅が追加で必要になると独自に試算し、消費電力量の増分については、年率15％で成長するとした国際エネルギー機関（IEA）のシナリオを前提条件とした。

同社は以前からEVや再エネ向け需要によって2030年までに年間400万トンの銅需給ギャップが生じると見込んでおり、AI向けを上乗せして銅が年間660万トンの供給不足に陥ると推定した。同社のアナリスト、ドミニク・オケイン氏は「AIによる新たな需要が需給ギャップをさらに拡大させ、市場にインフレ圧力を与える恐れがある」と警告する。

調査会社各社の需要予測には幅があるものの、AI用途で2030年までに年間でおおむね100万~300万トン（2020年時点の世界需要全体の3~10%程度）の需要が発生するとの見方が大勢を占める。一方で、「AI向けでそれほど銅需要は増えない」との意見もある。

投資銀行「銅需要は増えない」の真意

オーストラリア投資銀行のマッコーリーは2024年5月、2030年の銅需要増加は年間20万トンにとどまるとのリポートを発表した。他社と比較して10分の1から5分の1程度の予測だ。マッコーリーは「データセンター内部で利用される銅の量を定量化することは極めて難しい」（同社広報）とした上で、予測の根拠を次のように説明する。

同社はまず、2009年にマイクロソフトがシカゴに建設し、銅を2万2000トン使用したと公表したデータセンターを例に銅の用途を推定。75%は電力を分配するケーブルに、22%がサーバーを接続するネットワークケーブルに、残り3%が空調制御システムなどに利用されたと分析した。

このデータセンターの場合、電力容量1メガワット当たり27トンの銅を利用していた。この量はJPモルガンの試算（20～40トン）と同水準だ。

一方で、マッコーリーはデータセンター事業者からのヒアリングを基に、以下のように分析した。電力需要については、グーグルなどIT大手が開発するデータセンターでは省エネルギー化が進んでおり、2009年と比較すると消費電力量が5分の1程度になっていると推定。データセンターの電力需要は急増せず、電力ケーブル向けの銅需要は微増にとどまると予測した。

またネットワークケーブルについては、現状はコストを重視して銅が利用されているが、AI用データセンターでは性能を重視して光ファイバーが主流になると予測。冷却効率などが向上していることなどを踏まえ、電力容量1メガワット当たり約4・2トンの増加にとどまると試算した。結果として、2030年の銅需要増加を年間20万トンと見積もった。

データセンター向けの銅需要が急増するかどうかは専門家によって意見が分かれるものの、EVや再エネの需要によって銅需要は高止まりするとの見方が一般的だ。国際銅協会は世界の銅需要が2020年から1260万トン増加して2040年に4090万トンに増加すると予測する。マッコーリーも2024年8月に発表したリポートで、「2027年以降、銅価格は急上昇軌道を描くと予想され、逼迫した需給バランスによって2028年までに銅価格をトン当たり1万1500ドルまで押し上げる可能性がある」と指摘している。

需給逼迫が予測される中、銅を代替する動きも活発になってきた。2022年、ウクライナ危機によってロシア産の銅の供給懸念が価格上昇を促し、銅は当時の史上最高値を更新。以来、企業は脱・銅を加速。銅管などを安価なアルミで代替する取り組みが広がっている。AIが拍車をかけた銅需要がこのまま続けば数年以内に供給を上回るのは必至だ。

電力、水、銅――データセンターにとってこれらがボトルネックとなる可能性は十分にある。エヌビディアの今後を占うには、こうした資源の枯渇リスクにも注目する必要があるだろう。

死角④

半導体メーカーになったGAFAMは競合か

次の死角として、エヌビディアにとっての「お得意様」の動向を考えてみたい。プロローグで触れたように、最新の業績である2024年11月～2025年1月期では、全体売上高のうち9割以上をデータセンター事業が占めた。

データセンターへ莫大な投資を続けるのが、AWS、マイクロソフト、グーグルなどの大手クラウド事業者やメタなどのSNS大手。これらを「ハイパースケーラー」と呼ぶことがある。ハイパースケーラー4社の決算資料によると、2024年の設備投資は前年度比で6割増加して約2450億ドル（約37兆円）になった。設備投資のうち多くがデータセンターの新設や更新だ。自社でのAI開発やクラウドの顧客のために莫大な投資を続け、エヌビディアのGPUをデータセンター用に大量に購入・搭載している。

米調査会社デローログループは、ハイパースケーラー4社のデータセンター投資は2029年に約5400億ドルになると予測する。2024年の2倍以上に当たる投資額

ビッグテックの設備投資の推移

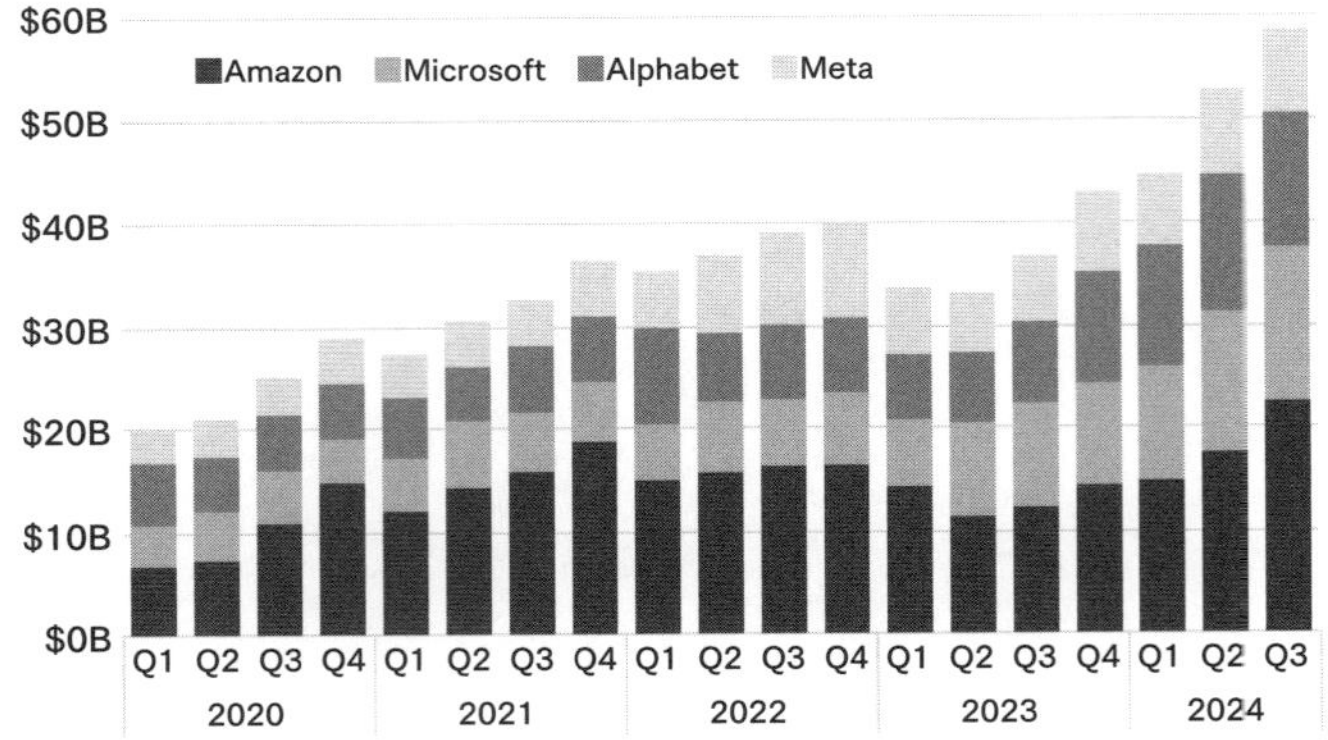

アマゾン・ドット・コム、マイクロソフト、アルファベット、メタによる設備投資の推移。AI への投資で急増している（出所：米 CB インサイツ）

だ。

これら4社が、エヌビディアのお得意様だ。2024年5月の決算説明会で、エヌビディアのコレット・クレス最高財務責任者（CFO）は「クラウド大手がデータセンター（の売上高）に占める割合が40％台半ばになった」と説明している。割合は2025年に入ってさらに増えている模様で、メタを含んだ割合は5割を超えていると見られる。

つまり、この4社からの受注の大小がエヌビディアの業績を左右するわけだ。そこで注目すべきは、各社が開発する「AIカスタムチップ」だ。

2010年代から「AIファースト」に舵を切った各社は、AI向けの半導体が競争力の源泉になると踏んで自社開発に着手してきた。各社が自社カスタムチップを主とするようなら、GPUの需要は小さくなる。それぞれの戦略を詳しく見ていこう。

グーグルとアマゾンの戦略はGPUの補完?

2015年、IT大手ではいち早く独自半導体「TPU(テンソル・プロセッシング・ユニット)」の運用を始めたグーグル。生成AI需要に合わせ、2024年12月には第6世代TPUの「トリリウム」を公開した。AIモデルのトレーニング性能が前世代と比べて4倍以上向上し、エネルギー効率は67%改善した。グーグルは自社の最高性能AIモデル「ジェミニ2・0」の学習にトリリウムを利用したとしており、GPUと遜色がないことをアピールしている。

グーグルクラウドの顧客に対しても提供する。既に、イスラエルの有力AIモデル開発スタートアップであるAI21ラボなどがトリリウムを使ってAIサービスを提供しているという。

「旧来のインフラ提供方法では、新たな需要に応えることができない。AIへの最適化が必要だ」。グーグルのクラウド部門で機械学習インフラなどを統括するマーク・ローマイヤ副社長はトリリウム発表前の筆者の取材でこう説明していた。グーグルが狙うのは独自開発チップの外販ではない。クラウド大手として、独自チップをクラウドサービス向けの自社サーバーに利用する。GPUサーバーとTPUサーバーを用意して顧客に選択肢を用意することで、「今後も成長するニーズに対応するために、新たなキャパシティーを投入している」(ローマイヤ副社長)とする。

最大手のAWS幹部はGPUへの需要が「2024年から2～3年は続く」と見通し、GPU確保と独自半導体の供給拡大を急いでいる。AWSは2013年にクラウド基盤用の独自半導体「Nitroチップ」を自社サーバーに搭載。当時はチップメーカーとの協業で開発していたが、完全独自開発に舵を切ったきっかけが、2015年に実施したイスラエルの半導体開発企業アンナプルナ・ラボの買収だった。当時、半導体メーカーではなくクラウド大手による買収だったことが注目を集めた。

その後、2017年ごろからAI開発の新しい手法である「トランスフォーマー」が台頭。AWSで長年、機械学習向けハードウエアなどに関わるディレクターのチェイタン・カポール氏は、当時を次のように振り返る。

「2017年のユーザー企業のディープラーニング利用状況から、(AI需要が)指数関数的に成長する可能性が高いというシグナルが読み取れた。半導体にはエンジニアリングリソースも設備投資も必要で、当時の我々には相当な賭けだったが、(AIチップへの)投資を始めるべきだった」

クラウド事業を通して需要急拡大を事前に見通したAWSは、AIチップの独自開発に着手。2019年に推論に特化したAIチップ「インファレンシア」を市場投入した。その後、学習用のチップ「トレーニアム」も実用化。「投資のタイミングは本当に適切だった」と、AWSのカポール氏は話す。

前述の通り、AWSは2024年12月にインファレンシアの開発停止を明かし、現在はトレーニアムで学習と推論の両方をカバーする戦略を採っている。AWS製のチップはGPUとの互換性にも優れる。学習でも推論でも、同社の仮想サーバーはパイトーチやテンサーフローなどのフレームワークと統合されている。「あなたがGPUインスタンスを使い、かつパイトーチを利用しているのであれば、トレーニアムに移行するのは簡単だ。そ

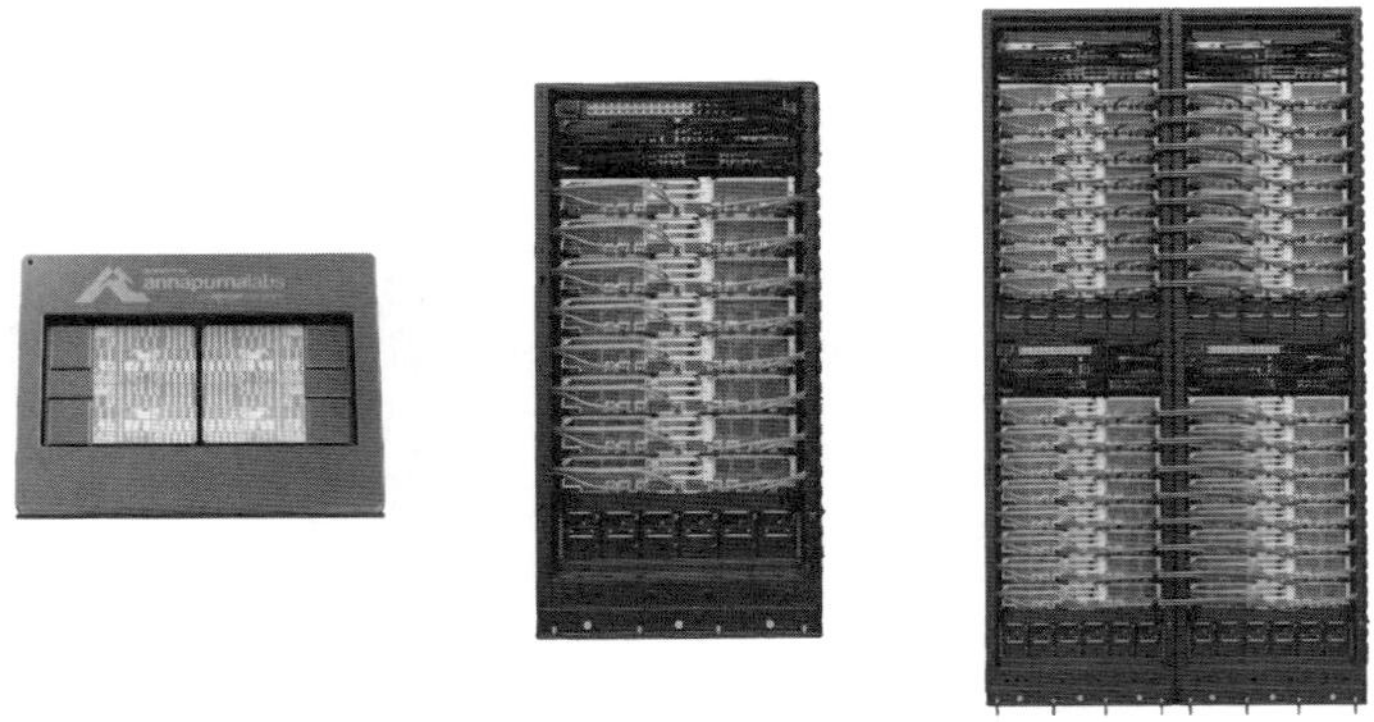

AWSのAI半導体「トレーニアム」。学習だけでなく推論にも利用する戦略だ
（出所：AWS）

の知識をそのまま使える。1年後に新たなハードウエアが生まれて乗り換えたいと思ったら、すぐに移行できる」（カポール氏）。ユーザーはGPUの代替としてトレーニアムを比較的簡単に導入できるわけだ。

独自チップのさらなる進化も狙う。注目を集めた米AI開発スタートアップ、アンソロピックへの巨額出資も、チップ開発の将来を見据えたものだ。アンソロピックがAWSの独自チップを使用してAIモデルを開発するほか、次世代チップの開発でも協業する。AIスタートアップの声を聞きながら専用チップを設計することで、モデル開発のリアルなニーズを反映できる。半導体メーカーとしての顔も備えるようになったAWS。その半導体への注力ぶりは、AIチップの重要性を改めて浮き彫りにしていると言えるだろう。

AWSは2025年に第3世代のトレーニアムを提供する予定。3ナノメートルプロセスを採用し、演算能力が第2世代の2倍以上になるという。2024年12月に開いた年次イベントに登壇したAWSのガーマンCEOは「より大きく速いAIアプリを開発することができるようになる」と説明した。AWSのカスタムチップへの投資はますます加速しそうだ。

マイクロソフト「何年も準備してきた」

マイクロソフトも2023年11月にAI向けチップ「マイア」の自社開発を発表。「ソフトウエアからハードウエアまで、そのすべてを最適化しなければならない」。発表に当たって筆者の取材に応じた同社のアリスター・スピアーズ氏はこう補足した。同社のクラウド関連インフラを担当するディレクターだ。スピアーズ氏によれば、生成AIに関連した計算やプログラムコードは、これまでと異なる特徴を持つという。膨大な計算処理はもちろん、その処理に必要な計算リソースの変動も大きい。ある時は大きな処理能力が必要だが、ある時は全く必要ない。処理の遅延時間も極めて短くしなければならない。「これまでのクラウドとは全く異なる時代のコンピューティング」（スピアーズ氏）に対応するため、マイクロソフトは全てのレイヤーを見直す戦略を実行している。

マイクロソフトはオープンAIとの提携によって生成AI市場で先行してきたものの、AWSやグーグルと比べると、半導体領域で見劣りするとの評価もあった。今回の機能増強で、足りなかった最後のピースを埋めてきた格好だ。

AIワークロードを高速化するアクセラレーターチップは、前述の通りクラウドの競合であるグーグルとAWSが先行して市場に投入していた。マイクロソフトがマイアを投入することで、クラウド3強がそろって「半導体メーカー」になったわけだ。

英アームの技術を採用したCPU「マイクロソフト・アジュール・コバルト（以下、コバルト）」も発表している。マイクロソフトのサティア・ナデラCEOは「マイクロソフトのクラウド専用に設計された最初のCPU」と表現する。現行世代のアームサーバーと比較して最大40％の性能向上を実現。「クラウド分野の最速のアームCPU」（マイクロソフト）としている。ＡＩ向けのチップではないが、クラウドで扱うデータ量が増えることで消費電力の問題なども顕在化しており、同社はＣＰＵの開発にも着手したわけだ。「（マイアとコバルトなどの）自社製半導体を開発する前から、我々はサーバーやチップの一部を自ら設計してきた。全てを２０２３年11月に始めたように見えるかもしれないが、そのための基盤は何年もかけて構築されたものだ」。スピアーズ氏はこう説明する。

スピアーズ氏はＡＩ時代のインフラ環境の構築を「フォーミュラ１」のような自動車レースに例える。エンジンの高速化や流体力学を基にしたデザイン、データ収集による臨機応変な対応――これらの全てをその時代のルールなどに最適化することで初めて、最も高速な自動車が開発できる。一方で、これらの技術開発はその自動車メーカーの知見として蓄えられ、Ｆ１のレースカーだけでなく、消費者向けのクルマにも好影響を与えるはずだ。ＡＩに向けた最適化や高速化は「クラウドを利用する全ての顧客に恩恵をもたらす」とスピアーズ氏は言う。

メタの独自チップ「学習用途でGPUを代替」

ＡＩ開発で最先端を走るメタも２０２３年に「ＭＴＩＡ」を発表しカスタムチップに参入した。かねて同社を巡ってはＡＩ用チップの独自開発の観測があり、米一部メディアが開発中止を報じていたものの、同社はそれまで沈黙を保ってきた経緯がある。ＭＴＩＡはＡＩモデルの学習と推論の両方に適用できるよう設計されているが、主に推論で利用する。２０２４年４月には推論性能を3倍に高めた第2世代を発表していている。

メタがＡＩチップを独自に開発する背景には、この数年でＡＩのモデルサイズが指数関数的に大きくなったことで、ＧＰＵでさえ効率が上がらなくなってきたという課題がある。同社はオープンソースで高性能な大規模言語モデル「Ｌｌａｍａ３（ラマ3）」を公開している。

処理効率を高めるため、学習用だけでなく推論用のハードウエアにも急速な進化が求められるようになった。逼迫する需要を背景にＣＰＵから推論用プロセッサーである「ＮＮ

PI（Neural-Network Processor for Inference）」に切り替えたものの、需要がすぐに能力を上回り、GPUへ軸足を移した。

しかし、GPUにも課題があった。メタでソフトウエアエンジニアを務めるジョエル・コバーン氏は「GPUは推論を念頭に設計されておらず、ソフトウエアを最適化しても効率が低い。コストがかかり導入するのが難しかった」とMTIA開発の理由を明かす。

独自チップであれば、ソフトウエアなどと一体で設計できる。メタの集積回路エンジニアであるオリビア・ウー氏は「一部のAIのワークロードでは、データ転送で時間を大幅にロスしていることが分かった。自社設計によってアプリケーションやソフトウエアシステムなどフルスタックをコントロールできるようになった」と優位性を強調する。

さらに2025年に入ってから、MTIAを学習でも利用していることが明らかになった。2月にメタが開いた2024年10～12月期の決算説明会で、同社のスーザン・リーCFOはMTIAを「AIのトレーニング用に拡張できる」と述べ、GPUサーバーの一部を代替できる可能性に言及した。

メタはMTIAをフェイスブックやインスタグラムなど既存アプリのコンテンツ・広告表示に利用するほか、大規模言語モデルの推論や学習、同社が注力しているメタバース領域などに利用していると見られる。ＡＷＳ、マイクロソフト、グーグルと違って、メタはクラウドサービスを提供しておらず、今回の独自チップに顧客のＡＩ需要へ応えるという狙いはない。自社使用に特化している点が、ＡＩ開発競争において半導体がキーとなっていることを改めて浮かび上がらせているとも言える。

「半導体メーカー」としての顔も備えるようになった米国の巨大ＩＴ企業。もっとも、各社は独自チップによって完全にＧＰＵを代替できるとは考えていないようだ。マイクロソフトのスピアーズ氏はこう説明する。「エヌビディア製、ＡＭＤ製、そして自社開発という3大ＡＩチップを全てのデータセンターで利用できるようにする」。自社開発チップは既存のＡＩチップの置き換えとは考えていない」。ＡＷＳのカポール氏もＡＩチップ戦略を「多面的」と形容しており、エヌビディア製ＧＰＵの確保に加えて自社開発チップを補完的に利用する方針だ。ただし、メタがＭＴＩＡを学習用にも利用しているように、徐々にではあるがＧＰＵから自社チップへの移行が進んでいる可能性もある。

米モルガン・スタンレーは２０２４年12月にまとめた調査リポートで、４社のカスタムチップなどを含むＡＩ向けのＡＳＩＣ（特定用途向け集積回路）の市場規模が、２０２４年の１２０億ドルから２０２７年には３００億ドルに急成長すると予測した。一方で、「Ａ

SICの台頭がGPUの衰退を意味するものではない」としている。AI向け半導体市場そのものが拡大する中で、GPUもASICも市場が大きくなるとの見立てだ。

死角⑤

うごめく「ポスト・エヌビディア」

ここまで、ディープシークをはじめとした中国勢が変える競争軸、学習から推論へのAI実装フェーズの移行、電力不足や水不足などによるボトルネック、GAFAMが開発するAIカスタムチップをエヌビディアの死角として描いてきた。最後の5つ目は、エヌビディアのライバルについて論じてみたい。ポスト・エヌビディアの座をつかむ半導体プレーヤーは存在するのだろうか。

エヌビディアを倒すのは誰か

データセンター向けかつAIトレーニング用途というエヌビディアの本丸に関して言えば、前述したハイパースケーラーのAIカスタムチップが目下、最大の競合と言っていいかもしれない。そのうち数社の設計を米ブロードコムや米ファブレス半導体メーカーのマーベル・テクノロジーが手がけていると見られる。例えばグーグルはブロードコムとの協業を公表しており、アマゾンとマイクロソフトはマーベルと協力しているとの報道がある。米JPモルガンはブロードコムとマーベルが高性能なAI向けカスタムチップを寡占する可能性があるとのリポートを発表した。そういう意味では、最大のライバルはカスタムチップを裏で支えるこの2社なのだろう。

一方で、本来のライバルである大手半導体メーカーは強力な対抗策を打てずにいる。従来の対抗馬筆頭は、長らくGPU市場で競合関係にあったAMDだ。1969年創業の半導体メーカーで、2000年代後半に製造部門を分離し、ファブレス専業となった。現在はTSMCに生産を委託しており、ファブレス+TSMCという点はエヌビディアと重なる。

GPUについて言えば、AMDは2006年にグラフィックチップを手がける米ATIテクノロジーズを買収し、以来、CPUとGPUの双方を手掛ける半導体メーカーとして強みを発揮してきた。AI向けGPUは2023年に「MI300X」を2024年に「MI325X」を発表。それぞれエヌビディアのGPU「H100」と「H200」に競合する製品だ。実際、AMDによればこれら2つのGPUに対してAMD製GPUの学習性能は遜色なく、かつ安価だという。

ただ、筆者は「GPUの性能が伍するだけ」ではエヌビディアの牙城は崩せないと考えている。4章でも述べた通り、エヌビディアはGPUに加えてCUDAというもう1つの武器を持つ。CUDAはソフトウエア開発環境として事実上の標準となっている。ハイパースケーラーなどの大口顧客にとっては、同様の性能であれば開発環境がセットのエヌビディア製GPUが第一の選択肢であることに変わりはないだろう。AMDも「ROCm」と呼ぶソフトウエア開発環境を持つものの、前述の通りAMD製GPUしか動かすことができない。

こうした1社の力でCUDAの牙城を崩すのはもはや現実的ではない。ソフトウエアの開発に詳しいテーブリー（東京・千代田）の及川卓也代表取締役は、GPU＋CUDAというエヌビディアの垂直統合に対抗するには、多様なプレーヤーが組み、開発環境を誰でも使える「オープンなソフト」にする手があると指摘する。ただし、「GPUの性能とシェアが圧倒的な現状では、オープン化しても覇権を争うのは難しい」とも話している。

瀕死のインテル、絶好機を逃す

もう1社のライバル、半導体メーカーの雄であるインテルは「今は建て直しが先決」(同社の古参エンジニア)が本音だろう。AIの特需によってエヌビディアやAMDなど半導体メーカーがこぞって売上高を増加させている一方、一人負けが続いている。インテル不調の原因をここで詳しくは述べないが、スマートフォン用チップに参入する意思決定の遅れやプロセス微細化の競争における誤った判断などが挙げられる。

2024年12月にはパット・ゲルシンガーCEOが突如、退任。再建計画に対して取締役会の信頼が得られなかったためで、事実上の更迭とされる。ゲルシンガー氏はインテル史上初めての最高技術責任者(CTO)を務めた後、2009年に退社。再建計画を託されて2021年にCEOとして復帰した。再建計画は、インテルをTSMCのようなファウンドリーとして蘇らせるというものだった。その計画もゲルシンガー氏の退任で宙に浮いた。AI向け半導体「ガウディ」も発表しているものの、今後の展開は読めない。

コンサルティング会社、グロスバーグ代表で半導体アナリストの大山聡氏は「予想していたよりエヌビディア、特にＣＵＤＡの牙城が強固。ＡＭＤやインテルは今のところ有効な手を打てていない」と指摘する。

「打倒エヌビディアに気を吐くのはむしろ新興企業だ」。大山氏はこう言う。シリコンバレーではＡＩブームに乗じて多くの半導体スタートアップが勢いづいている。米半導体装置メーカーのエンジニアは「ＡＩ半導体だけで知る限り50社以上のスタートアップが存在する。１９９３年創業のエヌビディアが２０００年代に急成長したように、数年後にこの中から本物が出てくるかもしれない」と話し、情報収集を怠らない。

既にユニコーン（評価額が10億ドル以上のスタートアップ）も複数登場している。その中から有力な2社を紹介しよう。

1社目は米グロック。グーグルの独自半導体「ＴＰＵ」を開発したエンジニア、ジョナサン・ロス氏が創業したスタートアップで、推論特化のチップに特徴を持つ。２０２５年2月にサウジアラビア政府から新たに14億９０００万ドルを調達したことも話題となっている。米調査会社ピッチブックによれば２０２５年2月時点で従業員は３６６人だ。

グロックはＬＰＵ（Language Processing Unit）と呼ばれる大規模言語モデルの推論に特化したチップを開発する。２０２４年4月に公開された米ポッドキャスト番組で、ロス

米サンバノバ・システムズのサーバーは、中国ディープシークのＡＩモデルを世界最速で動かすことができるという（写真：サンバノバ・システムズ提供）

ＣＥＯは自社のＬＰＵがエヌビディア製ＧＰＵの5～6倍のスピードを持つとし、「こんなスピードを達成できるスタートアップはもう現れない」と自信を見せた。同社は、エネルギー効率がＧＰＵの10倍程度だとしている。

グロックはＬＰＵを外部に販売するのではなく、クラウド経由で利用できるサービスとして展開している。同社は、ＡＩを利用したくなったらオンデマンドでいつでも利用できるようなサービスという意味で「生成ＡＩのウーバー」を目指すとしている。

もう1社は米サンバノバ・システムズ。企業評価額は50億ドルだ。独自開発の「ＲＤＵ（再構成可能なデータフローユニット）」と呼ぶ独自開発半導体を展開する。チップを単体で提供するのではなく、「AIプラットフォーム」としてハードウエアとソフトウエアをまとめてサブスクリプションで提供するサービスが特徴だ。

同社は「世界最速の推論サービス」を提供するとしている。例えば、サンバノバのプラットフォームでは、本章「死角①」で解説した中国ディープシークのAIモデル「R1」の推論を世界最速で動かせるという。米調査会社アーティフィシャルアナリシスの調査では、2位の米トゥギャザーAIに大差を付けて最速の結果となった。同社のチーフサイエンティスト、スムティ・ジャイラット氏によれば、最適化などによってさらなる高速化が実現可能だという。

サンバノバのロドリゴ・リアンCEOは「R1は最も先進的なAIモデルの1つだが、GPUの非効率性がその可能性を制限していた。しかし、本日をもって状況は一変した」とコメントした。

サンバノバは日本でも理化学研究所が採用するなど徐々に認知度を高めており、「政府機関やインフラ関連企業、金融機関などからの引き合いが増えている」(同社のアジア太平洋地域担当副社長を務める鯨岡俊則氏)という。パブリッククラウドへのデータ保存をためらうユーザーにとって、サンバノバは有力な選択肢の1つになりそうだ。

データフロー型計算機の威力

やや技術的な解説になるが、この2社の共通点について述べておきたい。両社ともに「データフロー型」と呼ばれる技術を採用している点で共通する。

データフロー型とは何か。現代型のコンピューターは全て、人類史上最高の頭脳を持つとされたフォン・ノイマン氏が開発した「ノイマン型計算機」と呼ばれるカテゴリーに含まれる。ノイマン型のコンピューターは、データを移動させて演算して戻すという処理を経る。ロード、計算、ストアという流れで、GPUもこの方式で処理するのは同じだ。計算機であるプロセッサーがメモリーにデータを読み書きしながら処理を実行していく。

一方で、AIにおけるプログラムコードは既にノイマン型の世界から次に進んでいる。エンジニアが自ら専門的なコードを書いてアルゴリズムをつくるのではなく、データを与えると人間の神経回路を模した手法である「ニューラルネットワーク」が重みづけをしてプログラムが出来上がる。データが流れるように計算が進むので「データフロー型」と呼ばれる。機械学習のプログラムでよく用いられるツール群であるテンサーフローもパイトーチもデータフロー型のフレームワークだ。

つまり、プログラムはデータフロー型なのに計算機はノイマン型というチグハグな状態がAIの現状だ。このミスマッチによってGPUは「無理」を強いられている。計算処理の都合上、ノイマン型でAI学習のように大量のデータを同時並行的に処理するには、そのデータを読み書きする高速なメモリーをプロセッサーの近くに置く必要がある。これがGPUを利用したチップが高価になる理由だ。メモリーがボトルネックになるこの問題を「フォン・ノイマン・ボトルネック」と呼ぶ。しかもメモリーは一般的に速度と容量がトレードオフなので、高速なメモリーほど容量は小さくなってしまう。現状、エヌビディア製のGPUの場合は最大で192ギガバイトのメモリーしか置くことができない。

一方で、データフロー型コンピューターはメモリーとプロセッサーをデータが往復するのではなく、演算機能を持つ「演算ユニット」から「演算ユニット」へとデータが流れていく形で処理が進む。データフロー型で書かれたプログラムをそのまま計算機に流し込むようなイメージだ。GPUと違ってデータを都度読み書きする高速なメモリーは不要なため、「小さくて高速なメモリー」ではなく「大きくて低速なメモリー」を置くことができる。サンバノバの最新半導体には1テラバイトという大容量メモリーを配置している。

ただし、データフロー型計算機には大きな問題がある。それは、多種多様なニューラルネットワークの種類に応じて、その計算のための物理的な回路を都度、再構成できないというハードルだ。それを解決しようとしたのが、データフロー型として知られる半導体の一種であるFPGA（書き換え可能な集積回路）だった。インテルやAMDが開発することで知られる。しかしFPGAはGPUなどと比較してプログラミングの難度がはるかに高いというデメリットがある。回路の構成を切り替えるのに一定の時間が必要という課題も残っている。

グロックは「静的データフローアーキテクチャー」と呼ぶ、回路の再構成が必要ない技術を採用。これによって、プログラミングの難度も低く低遅延な処理を実現している。一方のサンバノバはこの問題に対し、「瞬時に再構成可能な半導体」という解を提案している。具体的には、パイトーチなどで作成したAIモデルのプログラムをサンバノバの半導体向けに独自に変換する。1つのチップで複数のプログラムに対応し、動的に回路を再構成できるという。

グロックやサンバノバのようなデータフロー型計算機という古くて新しい技術がAI半導体として一定の存在感を示す可能性は十分にある。

CHAPTER

6

未来編

次なる100兆円市場「物理AI」

エヌビディアがデータセンター向けのAI（人工知能）需要の次に見定める巨大市場は、AIが人間の身の回りで動く「物理AI」の世界だ。その市場規模は100兆円とも言われる。狙うのは現実世界にそっくりの仮想空間でAIに学習させるプラットフォーム。ロボットの自律的な動きを可能にする。AIとシミュレーション技術を掛け合わせた物理AI時代の到来は、日本企業にとっても勝機となる。

本社潜入、トヨタが惚れた製品を発見

米ニュージャージー州ホルムデル。2017年4月、エヌビディアが自動運転の開発拠点を置いていたこの地方都市の郊外で、筆者は1台の黒いクルマに度肝を抜かれていた。米フォード・モーターの高級車「リンカーン」を改造した、エヌビディアの自動運転試作車「BB8」である。

「世界の技術を支配する」と言われ、20世紀にトランジスタやC言語など革新的技術を次々に生み出した「ベル研究所」。奇しくもその跡地で、エヌビディアによる今後の自動車を〝支配〟するかもしれない実験が行われていた。

今にして思えば「早すぎた」一手だったのだろう。しかし、自動運転車はエヌビディアが生成AIの次に狙う「新たな100兆円市場」の一部でもある。だからこそ本章は、2017年当時の回想から始めねばならない。エヌビディアが狙いを定めていた自動運転とはどんなもので、そしてそれはなぜ実現しなかったのか。

一見、普通のクルマ——ただし、試作車「BB8」は1点だけ、これまでのクルマの常

エヌビディアの2017年時点の自動運転試作車「BB8」。テストドライバーは時折、ウインドーやサンルーフからわざと両手を出していた（写真：エヌビディア提供）

識を超える〝個性〟を持っていた。

運転者が、人間ではなくAI（人工知能）という点だ。

これまで解説してきた通り、AIの特徴は「自ら学習する」点にある。人間の脳を模した計算手法「ディープラーニング」で、人間が教え込まなくても自ら進化することが可能になった。これまでのコンピューターと違い、学習した内容と全く同じ問題でなくとも、AIは類推して答えを導き出すようになった。

2017年時点で、自動運転はまさにAIの出番だと考えられていた。センサーやカメラが捉えた人や障害物などの情報をインプットすれば、どのルートをどの程度の速度で走ると安全に通行できるかをAIが判断し、クルマを操ってくれるからだ。

自動車メーカーではなく半導体メーカーが試作した「AIカー」であるBB8。その運転席に座ったテストドライバーが時折、サンルーフからわざと両手を出してこちらにヒラヒラと手を振った。「ハンドルを握らなくても問題ない」という合図である。右折、左折、車線変更……高速道路も一般道も自動運転でスイスイとこなしていく。

2017年、この技術にトヨタ自動車が惚れ込んだ。

「もうデバッグ（ミスを見つけて手直しすること）はほぼ終わっているよ」

BB8が走っていたニュージャージー州から西へ約4000キロメートル。シリコンバレーに位置するエヌビディア本社の研究施設を筆者は現地で取材した。スーパーコンピューターが所狭しと並ぶこの施設は、メディアにほとんど公開されていない。製品が使われる環境をスーパーコンピューターで再現し、開発中の製品を量産前にテストする機能を持つ。

その一室に、トヨタが惚れたエヌビディアの製品があった。

GPU（画像処理半導体）――エヌビディアが当時から世界シェア8～9割を占めていた半導体である。同社の主力製品であるGPUには、4章で解説した通り圧倒的な強みが

エヌビディア本社の一角にある開発施設。2017年に取材した際は量産前製品の最終テストが進んでいた（写真：筆者）

ある。同時に複数の計算をこなす「並列演算」がずば抜けて得意なことだ。

ＡＩは自動車の〝頭脳〟になる。ただし、自動運転のためには高性能な半導体が必要だった。当時はそこに商機を感じ、半導体メーカーに加え新興勢やＩＴ大手も自前の半導体開発に向けて動き出していた。

この流れの中でトヨタが選んだのはエヌビディアのＧＰＵだった。トヨタは、「エグゼビア」とコードネームで呼ばれる次世代ＧＰＵを自動運転の頭脳としてクルマに取り込もうとしていた。

２０１７年５月、米カリフォルニア

州サンノゼで開かれた会見で、エヌビディアはトヨタとAI（人工知能）を使った自動運転車の開発で協業すると発表。エヌビディアが開発中の次世代GPUを、トヨタが実際に製品化する自動運転車に搭載するだけでなく、両社は自動運転の実現に向けたソフトウエアも共同で開発するとしていた。

トヨタは車載用の半導体を内製するほか、グループ会社のデンソーや、株式を保有するルネサスエレクトロニクスなどから調達している。自動運転の頭脳となる半導体を外資系企業から調達するのは、2017年当時としては異例中の異例だった。

「いや、実はこのプログラムを動かせるのは、現状ではエヌビディアのGPUだけなんですよ……」。あるデンソー幹部は筆者にこうつぶやいた。同社が自動運転用のソフトウエア開発のデモで使用していたのがエヌビディアのGPUであり、当時からAI用半導体として性能がずば抜けていた。

デンソーはトヨタグループ最大の部品メーカーであり、1990年代後半からAI研究に着手。AIの専門チームも作っていることで知られる。そのデンソーの幹部をもってして、「唯一」と言わしめる技術的な優位性を当時からエヌビディアは持っていた。

提携発表の会見を聞いたある自動車担当アナリストはこう言っていた。「この提携で、自動運転に関してはAI半導体のデファクトスタンダード（事実上の標準）はエヌビディアのGPUで決まりだろう」

エヌビディアはドイツ勢ではフォルクスワーゲン、アウディ、ダイムラーと2016年までに相次いで提携。米国勢ではフォード・モーターに加えて、EV（電気自動車）メーカーのテスラとも協業していた。その列にトヨタも加わることになったからだ。

トレードマークの黒い革ジャケットを身にまとって壇上に立ったジェンスン・ファン最高経営責任者（CEO）はこう語った。「自動車業界のレジェンドとの協業は、自動運転の未来がすぐそこまで来ていることを強く示している」

当時のウリは、GPUを複数搭載した自動運転用スーパーコンピューター「DRIVE PX2」。弁当箱のサイズで、アップルの最上位ノートパソコン「マックブックプロ」150台分の処理能力を持つ。この圧倒的なスピードが、同社最大の武器だ。

同社で自動車事業を統括するロブ・チョンガー副社長（当時）は、DRIVE PX2を手に持ちながら次のように語った。

「（自動ブレーキなどの）ADAS（先進運転支援システム）と自動運転はまるで違う。極めて高性能なコンピューターが必要であり、これまでの延長線上の技術では不可能だ。

全く異なる『ゲームチェンジャー』となる技術が必要であり、それがディープラーニングとGPUだ」

「我々は車載用のAI開発だけでこれまで1億ドルの投資を行い、2000人のエンジニアを雇用している。チップに加えて、自動運転用のソフトウエアを構築していて、全てオープンにしている。誰でも使える。我々が競合より数年先を走っているのは確かだ」

チョンガー氏の主張は正しかった。自動運転にはAIが必要であり、その先頭を走る1社がエヌビディアだったことは事実だ。半導体メーカーでありながらソフトウエアに強く、パートナーに開発環境の門戸を開き、AI開発のプラットフォームを手掛ける。ファブレスという点は米アップルに、オープンプラットフォームという点では米グーグルに似る。GPUというAI用半導体を持ち、ソフトウエア開発にも乗り出す。この「オールインワンパッケージ」が自動運転の開発でも生きていた。

冒頭で見た2017年の試作車「BB8」をもう少し細かく見ていこう。

BB8を司っていたのは、〝3人〟のAIだった。

〝1人目〟のAIの名は「パイロットネット」。学習させたのはセンサーから得たクルマの周囲の画像ではなく、人間が運転する時のしぐさや目線、障害物に遭遇した時の避け方などの振る舞いだ。車線の有無や異なる時間帯、様々な気候条件などでの行動データをAIに学ばせた。

すると、パイロットネットは運転する際に注意を払わなければならないポイントを自ら見つけ出した。例えば車線や対向車のボンネットのような場所に、AIは焦点を絞った。

これはドライバーが普段、無意識に注意しているポイントと全く同じ。つまり自ら知識を獲得したのだ。筆者が取材した時点で既にBB8は数千キロを走破。パイロットネットの開発開始から18カ月が経過し、学習はほぼ完了していた。

〝2人目〟は「ドライブネット」。周辺画像を取り込んで、歩行者や自動車、バイク、交通標識などを判断する。わずか数時間の学習で、AIは交通標識の96%を正しく認識できるようになるという。「これまでのコンピューターでは、96%を達成するのに数年の開発環境が必要だった。光のようなスピードだ」。アウディ幹部はこう語る。

〝3人目〟は「オープンロードネット」。文字通り、道路上のどの場所が安全で移動しても事故が起こらないかを周辺状況やクルマのスピードなどからAI自ら判断する。

チョンガー副社長は、筆者に自動運転技術の未来を次にように語っていた。「(BB8に)搭載しているAIは3つだが、完全自動運転には20〜30のAIが必要になるだろう。次々にＡＩを育てて搭載していくよ。それが、コンピューター業界のスタンダードだから」ファン氏自身も筆者によるインタビューで、「（２０１７年の）２年後には自動運転が実現する」と主張していた。エヌビディアだけではない。トヨタも当時は「２０２０年をマイルストーン」としていたし、日本政府も実用化の目処を２０２０年に設定していた。「自動運転は数年でモノになる」というコンセンサスがある程度出来上がっていたのだ。

自信満々の自動運転、実現せず

しかし、その目論見は外れることになる。２０２０年を過ぎても運転者がいない「レベル４」の自動運転車は市販されず、２０２５年に入っても、米アルファベット傘下のウェイモがいわゆる自動運転タクシーをサンフランシスコなど米国のいくつかの都市で商用化しているものの、その規模は限られている。「当時の予想から5～10年は遅れている印象だ」。日系大手自動車メーカーでソフトウエアを担当するエンジニアはこう語る。

２０２２年10月には、米フォード・モーターと独フォルクスワーゲンが、巨額投資をした米自動運転スタートアップのアルゴＡＩを清算した。３社が協力して進めていたＡＩを利用した高度な自動運転技術の開発も停止。米独大手による注目プロジェクトだっただけに業界に衝撃を与えた。

フォードが出資したのは２０１７年。その当時、アルゴＡＩは２０２１年までにレベル４を普及させるという目標を持っていた。フォードのジム・ファーリーＣＥＯは清算に当たって「収益性の高い完全な自律走行車両が大規模に普及するのはずっと先」とコメントした。

自動運転車の普及が遅れている背景には、技術的な課題があった。

２０１７年ごろの自動車運転システムは、「モジュール型」と呼ばれるアプローチが主流だった。ＡＩが一部を処理するものの、システム全体は複数のモジュール（構成要素）に分割されていた。

構成要素とは、周囲の情報を収集する「センシング」、クルマの位置情報を推定する「ローカリゼーション」、クルマが走る経路を計画する「パスプランニング」、そしてクルマを制御する「コントロール」などだ。当時のＡＩは主に、センシングにおける物体認識や予測の補助に利用されており、ほとんどの構成要素における意思決定はあらかじめ定められたルールに基づいて動作する仕組みである「ルールベース」で行われていた。前出のエヌビディアのプロトタイプ「ＢＢ８」もＡＩを主に認識の領域で利用している。

ルールベースには限界があった。いかにＡＩが認識の精度を高めたとしても、制御などをルールに則る手法では、想定外の状況に対応することが難しい。例えば突発的な道路工事などでどう制御すればいいか判断できなかったり、即時判断が求められる事故の回避ができなかったりといった課題があった。

周囲のセンシングに利用するセンサーが当時は高価だったことも背景にある。例えばレーザー光を照射して対象物との距離を測る「ＬｉＤＡＲ」は当時最低でも数千ドル（数十万円）と高額だった。テスト車両をくまなく走らせて自動運転車用の高精度なマップを作る費用や時間もかかる。自動運転に積極的に投資していた米ウーバーや米リフトなどのライドシェア勢は、大幅なコスト増を許容しても利益が出るような事業モデルを生み出せなかった。

技術的な課題に加えて、社会受容の観点でも実用化が遠のいた経緯がある。２０１８年には試験走行をしていた米ウーバーの自動運転車が、自転車を押して道路を横断していた女性をはねて死亡させる事故があった。自動運転システムの不備だけでなく、テストドライバーの脇見などもあって世論は自動運転に対して厳しい目を向けた。その後、米テスラの運転補助システムでも不備が見つかるなどして、消費者の自動運転に対する信頼が低下し、慎重な姿勢が広がった。ブームは2019年ごろから下火になっていった。

エヌビディアとトヨタは2017年に発表した提携を2019年に拡大。自動運転システムを検証するエヌビディアの技術をトヨタ側が採用することを発表した。しかし、その後、提携はなりを潜めた。関係者は「一部の高級車にエヌビディアの半導体が搭載されたが、それ以外の成果は聞いていない」と打ち明ける。

本社で見たロボットの異様な光景

AI技術の進展などで状況は再び変わりつつある。自動運転車やロボットといった物体をAIが制御する世界が現実味を帯びてきた。エヌビディアのファン氏は、AIの進化として、AI自らが文章などを生み出す「生成AI」や、AIがユーザーのアシスタントとなってタスクを実行する「エージェント型AI」の先に、人間の身の回りにある物体をAIが

おびただしい数のロボットが歩き回るエヌビディアのデモ（出所：エヌビディア提供）

自由に動かす「物理ＡＩ」を位置付ける。自動運転の分野では、２０１０年代後半の主流だった「モジュール型」ではなく、認識だけでなくＡＩに予測や制御など全ての操作を任せる「エンドツーエンド型（E2E型）」を採用する企業が増え始めた。

エヌビディアは、データセンターでのＡＩ需要の次の巨大市場として、ロボットや自動運転を位置付ける。現実世界から直接学習し自律的な動作を可能にする「動くＡＩ」を搭載する計画で、この市場でプラットフォームになろうと目論む。ファン氏は物理ＡＩを「数兆ドル（数百兆円）市場」を見積もる。製造業大国・日本の勝機はここにある。

米シリコンバレーにあるエヌビディア本社

のデモルーム。主力製品のAI向けGPUが所狭しと並ぶ室内で、大型スクリーンに同社の将来を占う映像が映し出されていた。

段差などの障害物がある仮想空間に、少なくとも数百台のヒト型ロボットがずらり。ロボットは段差でよろけたり他のロボットとぶつかるのを避けたりしながら、縦横無尽に歩き回る。この異様な光景は、一体何を意味するのか。

物理AIは、ファン氏の直近の発言に高い頻度で表れるキーワードだ。現在の生成AIの主用途は、パソコンやスマートフォン上でユーザーの質問に答えたり、文章作成などを補助したりするもの。エヌビディアが考えるその先は、人間の身の回りの世界（物理世界）をAIが操作する巨大な市場である。

「Ｃｈａｔ《チャット》ＧＰＴは目が見えないんだ」。エヌビディアでシミュレーション技術を担当するレブ・レバレディアン副社長はこう言う。ＣｈａｔＧＰＴの裏側で動くＡＩモデルはインターネット上の膨大なテキストなどを使って学習している。つまり「形あるものを見たことも触れたこともない」（レバレディアン氏）

ロボットに超高性能なＧＰＵを追加したとしても、頭脳となるＡＩが身の回りの世界を知らないのでは、期待する動作は不可能だ。物理的な距離や重力などの基本的な法則、モノとモノがぶつかった時の衝撃など、物理世界に当たり前に存在するルールをＡＩは理解していない。

物理世界で動くＡＩは、こうしたルールが前提の現実世界を直接学習する必要がある。ただし、学習用のデータをどうやって入手するのかという大きな課題があった。自動運転車の開発のように、膨大な距離をテスト走行することで現実のデータを手作業でこしらえるのが従来の主流だが、途方もないコストと時間がかかる。

エヌビディアが提供するのは、「オムニバース」と呼ぶ現実を忠実に再現するシミュレーション技術だ。仮想空間上で学習データを合成し、それをＡＩに学ばせることでコストを大幅に縮減できる。冒頭で紹介した無数のロボットは、仮想空間を歩き回ることで「合成データ」をつくっていたのだった。

合成データの生成は、ＡＩの開発に不可欠になりつつある。良質なデータはいずれ枯渇すると考えられており、特にプライバシーなどの観点で現実世界の動画や画像などのデータは入手しづらいという側面もある。自動運転向けの合成データを提供するスタートアップも数多く登場している。

だが、エヌビディアはこの分野でも先手を打った。

エヌビディア「世界AI」で先手

2025年も「主役は我々だ」と言わんばかりの講演だった。2025年1月に開かれた世界最大級のテクノロジー見本市「CES 2025」で基調講演のトップを務めたファン氏。会場には「時の人」の話を聞くために3時間前から列ができた。

手のひらサイズの超小型AIスーパーコンピューターなどあまたの発表があった中、ファンCEOがひときわ時間を使ったのがロボットや自動運転車などを実際に動かす物理AIだった。売上高の80%を占めるAI向けデータセンターの次の勝機と見て、さらなる一手を打ってきた。

したたかに事業拡大を狙う物理AIで、エヌビディアが発表したのは「世界基盤モデル」という聞き慣れない用語だった。AIモデルやその評価ツールなどを含む基盤技術「コスモス」を発表した。

コスモスの位置付けを説明する前に、エヌビディアの物理AIに関する考え方を解説しよう。エヌビディアは生成AIの先に、物理世界をAIが実際に操作する巨大な市場を見据えている。

物理世界で自動運転車や人型ロボットなどを動かすには、2通りの手法がある。1つはAの場合はB、Cの場合はDというルールを決めて動かす「ルールベース」の手法で、前述した2010年代後半の自動運転向けで主流だったものだ。もう1つはカメラやセンサーから取得したデータを基にAIが状況の認識、判断、操作までの全てを担う手法で、一般に「エンドツーエンド型（E2E型）」と呼ばれる。エヌビディアはエンドツーエンド型を「自動運転2・0」と呼ぶ。

従来はロボットも自動運転もルールベースが多かったが、近年はE2Eを採用する企業が相次ぐ。例えばイーロン・マスク氏が率いる米テスラは2023年にE2Eによる自動運転システムを採用。センサーを利用した入力からハンドル操作などの出力までをAIが担う。華為技術（ファーウェイ）など多くの中国勢もE2Eで自動運転車を開発しているといわれる。

E2Eのロボットや自動運転も、AIを利用する点ではChatGPTなどの対話型AIと同じだ。しかし決定的に異なる点がある。ChatGPTなどが大量のテキストデータなどで学習している一方、ロボットなどに利用するAIは、我々の「身の回りの世界」

を学習する必要がある。前述したように、この学習データの入手に課題があり、各社は躍起になってテスト車両などを使ってリアルなデータを収集していた。実際に自動運転車やロボットを動かしながら学習する場合は、安全性を担保しなければならず、途方も無い時間がかかる。

この問題に対処するための手段がシミュレーションだ。エヌビディアは近年、現実を忠実に再現するオムニバースに多大な投資をしてきた。仮想空間上で学習データを合成し、それをAIに学ばせることでコストを大幅に縮減できる。

コスモスはこのシミュレーションに合成データを与えるプラットフォームだ。コスモスの基盤モデルをエヌビディアは「世界基盤モデル（World Foundation Models：WFM）」と呼称する。一般に、自動運転などに利用する現実世界の物理法則や因果関係などを理解するモデルは「世界モデル（World Model）」と呼ばれる。世界基盤モデルもこの概念に近い。公開されたコスモスの第1世代モデルは、現実世界を撮影した2000万時間分の動画データなどを使って事前学習をした。実際の映像から、物理法則を学んだわけだ。

ファン氏は基調講演の翌日に開いたメディア合同取材会で「（CESの）基調講演で最も重要なことの1つが、世界基盤モデルだった。（米オープンAIが開発する）GPTが

エヌビディアのシミュレーションプラットフォームにセンサーデータやCADで作成したオブジェクトデータを取り込んだ様子（写真：筆者）

言語を理解する基盤モデルだったように、世界基盤モデルは摩擦や慣性、物体の存在、幾何学、空間性を理解する。言語モデルでは理解できない物理世界を理解するものだ」と説明した。いわば〝世界ＡＩ〟だ。

コスモスは物理ＡＩをトレーニングするための合成データを作成できる。つまり、「ＡＩをトレーニングするためのＡＩ」という位置付けだ。オムニバースの仮想空間にセンサーなどの3次元データやＣＡＤで作成したオブジェクトデータを取り込み、自然言語で指示すれば、ＡＩのトレーニング用の写実的な動画を作成できる。

例えば右の写真は、建物のセンサーから取得したデータとCADで作成したクルマや棚などのオブジェクトを取り込んだものだ。

コスモスに「このシーンは、古い倉庫の中から大きく開いたガレージのドア越しに外を眺めた様子だ」「ドアから曇った日の光が差し込む」「壁沿いにほこりをかぶった収納ラックがある」「床はコンクリートで摩耗が見られる」「クルマは清潔なクーペで周囲の環境を反射している」などといった描写を書き込むと、自動的に動画が生成される。

動画は3次元のベクトルデータからなり、オブジェクトの位置などを自由に変更できる。指示を「快晴の日の光」「新築の倉庫」「ぬれた床面」などに変えれば、異なるシチュエーションの合成データを生成できる。

「ロボットや自動運転車の学習で必要なのは、リアリティーのあるデータ。画像生成AIが生み出すファンタジーの世界が描かれた画像ではない」。CESのエヌビディアブースで担当者はこう説明する。

身の回りの世界を学習したコスモスは質の高い合成データを作成できる。エヌビディアでオムニバースを担当するレブ・レバレディアン副社長は「AIのリスクはハルシネーション（幻覚）であり、それがオムニバースの相棒としてコスモスを開発した理由だ。現実世界に根ざした合成データを生成する理想的な組み合わせになっている」と説明した。

アマゾン最新倉庫にエヌビディアが技術提供

エヌビディアは2024年以降、物理AIの実現には「3つのコンピューター」が必要だと何度も主張している。データセンター向けに提供するAI用コンピューター、ロボットや自動運転に実際に搭載するコンピューター、そして、シミュレーション用のコンピューターだ。この3つのコンピューターがそろって初めて、「動くAI」が実現する。このAIを利用して、決められた動きだけではなく、臨機応変に動作を変えられる自律的なロボット・自動運転車が誕生する。

シミュレーションは、エヌビディアの祖業である3次元コンピューターグラフィックスの延長にある。誤差の少ない超高精度なシミュレーションはお手のもの。計算を担うコンピューターとソフトウエアをエヌビディアが提供する。AIと同様、開発企業が使う「道具」で覇権を握ろうとする戦略だ。

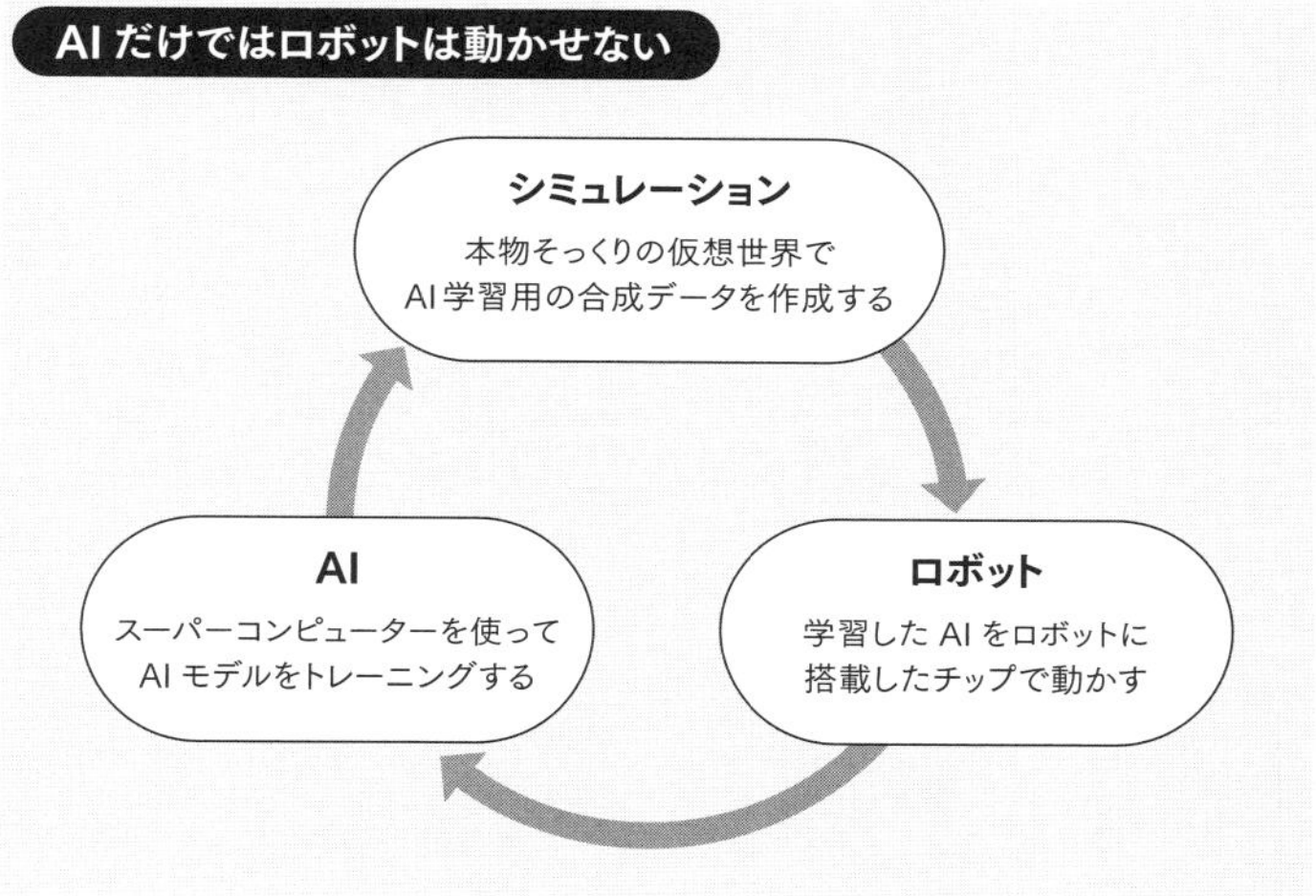
AIだけではロボットは動かせない
シミュレーション
本物そっくりの仮想世界で
AI学習用の合成データを作成する
AI
スーパーコンピューターを使って
AIモデルをトレーニングする
ロボット
学習したAIをロボットに
搭載したチップで動かす
エヌビディアが考える「3台のコンピューター」

自動運転関連のサービスも、2010年代とは戦略が異なる。少なくとも2017年当時、エヌビディアは自動運転車に対して半導体というハードウエアを販売することに主眼を置いていた。現在では、自動運転は自動車産業向けサービスの1つという位置付けだ。AIやオムニバースなどのプラットフォームの上に、シミュレーション技術を使ったデザインやビジュアライズ、産業用デジタルツインによる工場の生産性向上、自動運転向けAIのトレーニングなどの多種多様なサービスを展開する。ハードウエアもソフトウエアも手がける点はデータセンター向け事業で築いた牙城と同じだ。

ロボットについても、着実に技術を積み重ねてきた。エヌビディアがロボット事業に着手したのは2010年代前半。当時、担当者は20人程度で、現在ロボット事業で副社長を務めるディープゥ・タッラ氏もその一人だった。「当時は市場の大きさなど分からなかった。それでも、(実用化が)少なくとも10年以上先の技術でなければ出遅れていると考える。それが当社の文化だ」と説明する。2014年にロボットなどに搭載するGPUを発売し、2019年にシミュレーション技術のオムニバースを発表。10年以上前から、「AIの先」を見据え、準備してきた。

2024年10月、米テネシー州にある米アマゾン・ドット・コムの巨大物流拠点で、広大な空間をロボットが競うように稼働していた。その数、数千台。次世代システムへの移行に伴って、ロボットの台数は飛躍的に増えていく見込みだ。

ロボットアームで2億種類以上の商品を認識してピックアップする。文章にすると単純だが、難度はとてつもなく高い。自宅にアマゾンから届く荷物を想像してみてほしい。荷詰めした後の小包は段ボールや紙袋、ビニール袋などに限られており、その種類は数十種にとどまると見られる。これらを認識するのは比較的容易だ。

一方で、個別の商品をピックアップするとなると、その難度は跳ね上がる。商品の形状や大きさ、重さ、向き、素材は千差万別で、それを即座に認識してピックアップしなければならないからだ。このロボットの開発に関わったアマゾンのジェイソン・メッシンジャー氏は、その難しさを次のように表現する。

「小麦粉が入った丸くて重いパッケージから、1枚のギフトカードまで、我々は多種多様な商品を扱わなければならず、技術革新が必要だった。どれくらいの重さで、表面はつるつるしているのかどうか。商品をどのように動かし、どのような力を加えれば持ち上げることができるか。AIとコンピュータービジョンを使って扱う商品を即座に認識し、アームでつかむ。ソフトウエアとハードウエアの融合が必要で、我々は繰り返し実験してきた」

ピックアップだけではない。目的地に合わせて仕分けし、梱包された商品を運搬する。アマゾンの最新技術を物流システムの至るところでロボットが躍動する。

「ロボットとAIを組み合わせた物理AIが既に稼働している」。アマゾンでロボット部門の責任者を務めるタイ・ブレイディ氏はこう説明する。その裏側で重要な役割を果たしたのがエヌビディアの技術だった。

AIに学習させるために、2億種類以上の商品のデータを手作業でつくるのは現実的で

アマゾンの物流は AI とロボットが支える

オムニバースを使って学習用のデータを作成し、アマゾンの物流施設における AI も学習させる（上）。数万台のロボットを倉庫内で動かす（下）
（写真：エヌビディア提供）

はない。そこでアマゾンはエヌビディアのオムニバースを使って、商品パッケージの代表的なサンプルを自動で作成することにした。外形、大きさ、色、質感……それらを組み合わせて無数のパッケージを仮想空間上で合成し、AIの学習用データとして利用したわけだ。アマゾンは合成データを作成する専門チームまで組織している。

日本企業に3つの勝ち筋、トヨタ・セブン・日立の戦略

AIとシミュレーション技術の発展による「物理AI時代」の到来は、日本企業にとっても勝機になるだろう。

「日本は世界をリードする『メカトロニクス』大国だ」。ファン氏は2024年11月のメディア合同インタビューでこう述べた。メカ（機械）とエレクトロニクス（電機）を掛け合わせた造語で、いずれも日本企業の存在感が大きい分野。エヌビディアにとっても日本企業との連携がロボット分野を制する鍵になる。

では具体的に、日本企業にどんなチャンスがあるのか。筆者は3つの方向性があると考えている。

1つ目は、物理AIを自社の生産性向上やサービス改善に役立てる方法だ。ファン氏の言葉を借りるまでもなくものづくりは日本の強みであり、AIとの融合は今後、必須だろう。

例えばトヨタは工場の機能向上を狙って、エヌビディアのシミュレーションプラットフォーム「オムニバース」を2022年に導入し、「デジタルツイン」の構築に取り組んでいる。デジタルツインとは、現実世界から収集したデータを基に、デジタル空間上に本物そっくりの世界を再現することを指す。具体的には、金属の塊をつぶして部品の形に成形する鍛造ラインのデジタルツイン構築を進めている。

一般に鍛造品の製造ラインは危険な現場である。熱した金属材料を金型に入れ、大きな荷重をかけて成形していく。誤差があってもロボットが動作するよう、人間による微調整も欠かせない。トヨタはデジタルツイン上でロボットを微調整をし、人間の作業時間や危険性を減らすことを狙っている。これまでもCADなどを使ってロボットの調整などを試みてきたが、実際の作業空間と全く同じ摩擦や慣性などを考慮できるシミュレーション環境が必要だと分かり、オムニバースを導入した。

実際に導入してシミュレーションを続けた結果、「トヨタらしい」デジタルツインのあり方も見えてきた。それをトヨタは「ADAサイクル」と呼ぶ。現実（Actual）→デジタル（Digital）→現実（Actual）の頭文字をとったものだ。現場で培ってきた安全性や作業のノウハウなどの技能をデジタル化し、デジタル空間上で改善アイデアを出し合う。オムニバース上のシミュレーションの画面を見ながらチームで様々なアイデアを議論し、デジタル空間上で試してみる。70点程度の完成度までPDCAを回して、その改善手法を今度は実際に現場に導入。今度は人の手で、70点のアイデアを100点に高めていく。

エヌビディアはトヨタの取り組みに対し、オムニバースでのデジタルツイン構築が「次世代の自律システムを駆動するための物理AIを構築するための基礎となる」としている。まずはデジタルツイン工場を整備し、デジタル空間でAIをトレーニングしたり、AIの利活用を探ったりするのが一般的な順序になりそうだ。

海外では独シーメンスなどが一歩先を行く。同社は自社工場にAIなどを利用するためのソフトウエアを自前で構築している。工場の設備やラインを流れる製品など全てをデジタル化した「包括的デジタルツイン」に取り組み、AIの利用にもアクセルを踏む。2024年には産業用シミュレーションソフトを手がける米アルテアエンジニアリングを買収すると発表した。アルテアは産業用ＡＩに投資をしており、買収はＡＩ強化の一環だ。

生産性向上・サービス改善の一手は製造業の生産施設だけに限らない。例えばセブン＆アイ・ホールディングスは、エヌビディアの技術を使って、ユーザーの店舗での行動を深く理解しようとする研究を進めている。ユーザーが店舗に入って棚から商品を手にするまでの行動を追跡する。どうやって価格や商品を認識したかなどを考察する。場合によってはＡＩによる分析も実施し、それぞれのユーザーにパーソナライズされた広告やディスプレイを生成しようと目論む。

2つ目は、ＡＩを実際に自社の新たなサービスとして打ち出す方法だ。

２０２４年3月にエヌビディアとの協業を発表した日立製作所。「エヌビディアが注力するメカトロニクスと、当社が特徴を持つフィジカルな領域は一致している」。ＩＴ（情報技術）部門で最高技術責任者（ＣＴＯ）を務める鮫嶋茂稔氏は、協業で互いの強みを掛け合わせられると読む。

早速、成果は生まれつつある。２０２４年9月にグループ会社の日立レールがエヌビディアの産業用ＡＩ技術を活用した鉄道会社向けサービス「ＨＭＡＸ」を発表した。カメラで架線の様子を撮影し、そのデータをＡＩで分析。不具合情報をリアルタイムで把握できる。

安川電機はロボットアーム「モートマンネクスト」に、エヌビディア製GPUを標準搭載した（写真：安川電機提供）

欧州を中心に、鉄道会社にシステムを売り込む。

シミュレーション分野での協業も視野に入れている。発電所や工場へのシステム導入に強みを持つ日立がエヌビディアのシミュレーション技術を活用して、顧客のロボット導入などを後押しする。

「工場が自動化されているのは、自動車や半導体、電機など作業が固定化されていて、かつ大量生産を担うケースだけ。それ以外の産業の多くの工場では臨機応変に賢く動くロボットが必要だ」。エヌビディアのタッラ氏はロボット化のニーズは大きいと読む。

「究極の一品生産が可能になる」。日立の鮫嶋氏はこう見通す。既に自動化されている自動車工場でも、自律したロボットを導入すれば新たな付加価値が生まれる。事前に動作が決まっている従来のロボットは一品ごとに仕様の異なるクルマを生産できない。自律ロボットの導入で、多品種少量生産の先にある一品生産が見えてくる。

柔軟なロボットの開発を目指しているのは機械メーカーも同じだ。

安川電機は2023年12月、エヌビディア製GPUを全モデルに標準搭載した次世代ロボットアームを発売した。AIの活用を前提とし、産業用として初めてロボット自身が周辺環境に適応しながら自律的に判断する機能を持つという。

「ロボットは従来、判断を伴う作業ができなかった。『イチゴをきれいに並べろ』と指示しても、『きれいに』という指示を理解できない。生成AIという頭脳を持つことで、これまで自動化できなかった工場が変わっていくだろう」。安川電機でロボット事業を統括する岡久学上席執行役員はこう期待する。

ただし、現状では日本のAI活用は遅れている。企業においては、AIの精度の低さなどを理由に活用が進んでいない面がある。安全性を100％に限りなく近づけることを優先する日本の製造業の古き良き文化が、導入を阻害しているとも言える。安川電機の岡久

2025年1月のCESで人型ロボットについて説明するエヌビディアのジェンスン・ファン氏（写真：筆者）

氏は「その考えを変えるのも、当社の使命かもしれない」と意気込む。

「世界で作られる半分のロボットが日本で生産されている。日本はロボットを生産するベストの国だ」。2024年11月のイベントでエヌビディアのファン氏は日本企業にこう秋波を送った。ロボット事業を統括するタッラ氏はロボットが必要とされる理由として、生産年齢人口の減少、高齢化に伴う介護ニーズの増加の2つを挙げる。「どちらも日本が直面している課題だ」（タッラ氏）として、日本企業の奮起を期待する。

米シティグループは2024年12月、2050年には人型ロボットの市場規模が6億台を超えるとのリポートを発表した。米国を中心にロボットスタートアップへの投資も加熱している。

一方で、特に人型ロボットについては日本企業の影は薄い。CESの基調講演でファン氏は14体のロボットを壇上で披露したが、その多くが米国・中国企業で、日本企業が開発したロボットは1体も含まれていない。

ホンダのアシモやソニーのキュリオなど、日系企業のロボットは2000年代まで世界を驚かせてきた。当時は技術的に未成熟だったこともあり、市場は拡大しなかった。生成AIの登場で状況が変わろうとしている今、勝機は確実にある。

「市場も技術もある。進出しない手はない」。有望視される米ロボットスタートアップのチーフサイエンティストは、日本市場への進出を水面下で検討していると明かす。「特に要素技術を持っている企業が多い」とその理由を口にする。時機を逃せば、海外勢に事業化で敗北してしまうリスクも大きい。

エヌビディアと再び組むトヨタの思惑

まるで8年前の発表を見ているかのようだった。2025年1月に開かれたCESの基

2025年1月のCESでトヨタ自動車がパートナーに加わったことを発表するエヌビディアのジェンスン・ファンCEO（写真：筆者）

調講演で、エヌビディアのファン氏はトヨタと自動運転車の開発で提携すると発表した。ファン氏は「トヨタとエヌビディアは次世代車を共同で開発する。今後、全て（のクルマ）が高度もしくは完全な自動運転車になる。（自動運転は）恐らく（歴史上）初の数兆ドル規模のロボット産業になるはずだ」と主張した。ＡＩの自社サービス化には、当然、自動運転車の開発も当てはまる。

本章で前述した通り、トヨタとエヌビディアは２０１７年にも提携。しかし一部車種に車載半導体を搭載するにとどまった経緯がある。分野も当時と同じ自動運転だ。メディアの合同取材会で筆者がファン氏に「2017年と2025年の違いは?」と問うと、「現在ほど技術が強固でなかった。確かに技術などが成熟するまで時間がかかった。しかし、我々はその段階(自動運転を実現する段階)に達していると思う」と答えた。

トヨタは2024年10月にAIや通信の分野でNTTとの協業を発表するなど、ここにきてAIや自動運転関連の提携を矢継ぎ早に発表している。自動車産業のアナリストは「いつも通りの全方位戦略。AIについても様々なプレーヤーと提携することで、何が本物か見極めるつもりなのだろう」と見る。

AIとシミュレーション技術などの進化で、前述の通りE2Eでの自動運転が実用化段階に入っている。自動車大国の日本にとって勝機であると同時に、この機を逃せば大きな市場を失うことになりかねない。

日の丸半導体、エッジAIで復活せよ

勝機の3つ目は、物理AIを支える半導体産業にある。

5章で解説した通り、AIの実装段階は「学習」から「推論」へ、そしてAIが動く場所は「データセンター」から「エッジ」へ移りつつある。エッジとはスマートフォンやPCなどの端末（デバイス）を指し、ここにロボットや自動運転車も含まれる。ロボットや自動運転車の普及には、AIを動かせる半導体が欠かせない。エヌビディアが狙っている大きな市場の1つは、エッジへのGPUの搭載である。

一方、専門家の中では、エッジに搭載されるAI半導体は多様化するとの見方も多い。スマホやPC、クルマなどエッジは多種多様であり、かつAIへの要求性能がまるで異なるからだ。例えばスマホでAIを使って英語を日本語に翻訳するのと、自動運転車が目の前の状況を判断して車体を瞬時に制御するのでは、半導体の性能や仕様が全く異なるのは容易に想像が付く。汎用的なGPUではなく、それぞれの用途に特化したAI半導体が必要になるとの見立てがある。

2022年に設立された日本の半導体メーカー、ラピダスはまさにこうした半導体の製造にターゲットを定めている。同社は「スピード」に強みがあるとし、エッジに搭載されるような特化型半導体の生産受託を目指している。海外勢のファウンドリーとは違い、少量でも生産できるラインを構築しようとしている。物理AI時代の到来は同社にとって追い風となるはずだ。2025年4月から、いよいよ同社の千歳工場で世界最先端である2ナノメートルプロセスの試作が始まる。量産は2027年を予定している。

半導体の開発にもチャンスがある。エッジ側の半導体が多様化するなら、まさにエヌビディアが1993年にグラフィック専用半導体の開発企業として産声を上げたように、業種特化・用途特化の無数の開発・設計企業が現れてもおかしくない。例えば日本では、スタートアップのエッジコーティックス（東京・中央）が宇宙や次世代通信に特化したAI半導体を設計している。エッジに搭載する半導体で、GPUに比べて低電力で処理できるという。次世代通信向けのチップを2026年までに開発する計画だ。

100兆円市場とも言われる物理AI。エヌビディアはGPUというハードウエアだけでなく、シミュレーションを含めた技術を組み合わせることで、そのプラットフォームを狙う。一方で、巨大市場には日本企業の勝機もある。ロボットや自動運転車は半導体やソフトウエアだけでは実現しない。ものづくりとの融合が肝だからだ。「ロボットに関しては重要な技術の半分を日本が保有している」。ファン氏はこう言う。ソフトウエアでは水をあけられた日本だが、ハードウエアが絡む物理AIでは、勝機は十分にある。

エヌビディア日本代表 大崎真孝 インタビュー

出遅れた日本企業のＡＩ活用、今後は伸びる

日本企業のＡＩ活用に遅れがあると指摘されている。私は怠けて遅れたのではなく、必然的に遅れてしまったのだと考えている。製造業をはじめとして、従来の技術が強かったために、ＡＩを利用しなくても戦える力があった。今後は日本でもＡＩの利活用が増えてくるはずだ。

当社が事業上、設定しているリージョン（地域）は、米国、欧州、アジア、そして日本に分かれている。日本が独立しているのは可能性が大きいからだ。これまでもエヌビディアのビジネスは、セガのゲームや東京科学大学のスーパーコンピューターなどで採用してもらうことで、日本が大きな柱になってきた。

今後、製造業でイノベーションが起こる。工場などの様々な現場から大量のデータを手に入れ、ＡＩを使ってそのデータを知見に変える。日本のポテンシャルは限りなく大きい。

ＡＩを既存事業にどう生かすかを考える際、損益分岐点をことさらに意識する必要はない。そればかり考えるとアイデアが生まれない。日本の強みは現場にある。アイデアも現場にある。

もちろん生成ＡＩで新しいサービスが生まれるのが理想だろう。しかし、一足飛びに新しい事業は生まれない。日本が得意とする生産性向上に当面はチャンスがあるのではないか。まず

は生産性を上げる小さな工夫を実行し、その先に大きなイノベーションが生まれる。現場を見ずに損益分岐点を計算しても前に進まない。そのためには現場からAIを利用した改善などのアイデアをたくさん出す必要がある。

日本が半導体製造を強化することに関してはウエルカムだ。ただ、研究開発（R&D）として「（最先端の）回路線幅2ナノメートル（ナノは10億分の1）を実現した」と発表することに価値はない。工場はラインの生産性が鍵だからだ。

半導体の製造は、つくれるかつくれないかという2択ではなく、繊細なジャッジが必要になる。どれだけの期間でどれだけ大量の製品をラインに流せるのか。不良率をどの程度抑えられるのか。細かいスペックの調整はできるのか——などだ。日本の半導体製造にネガティブな意見を持っているわけではない。この部分をクリアできれば、大きなポテンシャルがある。

半導体は「頭脳」ばかりではない。IoT（モノのインターネット）で欠かせないセンサーやカメラなどは日本企業に強みがある。工場などの現場に設置するようなチップも今後、欠かせない存在になるはずだ。

大崎真孝氏、エヌビディア日本代表兼米国本社副社長。首都大学東京で経営学修士号（MBA）取得。日本テキサス・インスツルメンツを経て、2014年から現職。（写真：エヌビディア提供）

ジェンスン・ファン　インタビュー③

日本はロボット革命のチャンスを生かすべきだ

2024年11月、6年ぶりに日本のイベントに登壇したジェンスン・ファン最高経営責任者（CEO）は基調講演で「日本に全く新しいチャンスが訪れている」と述べ、ロボットや自動運転などの「物理AI」が製造業大国・日本の勝機になると強調した。イベントに合わせて筆者を含む日本のメディアの合同取材に応じたファン氏は、「5年以内に優れた人型ロボットが誕生する」と予測し、「ロボット革命で日本が世界をリードできるように力を合わせたい」と述べた。ファン氏が言う日本の新しいチャンスとは。

※合同取材は2024年11月に東京で実施した

――講演ではロボットについての言及が多くありました。エヌビディアが考える人型ロボット産業の将来性と可能性について教えてください。

ジェンスン・ファンCEO：例えばロボットを開発したとして、そのロボットに車輪が付いているとすると、（報道陣で満席の）この部屋に入るのは難しいですよね。同じように、浴室

2024年11月に日本のメディアとの合同取材に応じたエヌビディアのジェンスン・ファンCEO
（写真：的野 弘路）

に入って掃除を手伝うのも、キッチンで料理をするのも難しい。工場で作業するのも難しい。なぜなら、（それらの空間は）車輪が付いたロボットのためではなく人間のために作られているからです。

自動車工場でロボットが活躍できるのはロボット用に設計されているから。世界には約1200万の工場がありますが、ロボット用に設計されているのはわずかで、残りは人間のために設計されています。ですから、ロボット技術で在宅高齢者を支援したり病院で働く方々をアシストしたりしたいのであれば、解決策は人間か（人型）ロボットしかありません。市場には人型ロボットが必要です。私は技術がそこまで来ていると感じています。5年以内には、優れた人型ロボットが誕生するでしょう。

世界では年間1億台の自動車が生産されています。今後、多種多様なロボットが生産されるでしょう。恐らくロボットは数十億台になるはずです。日本は完璧な国です。自動車やロボット、機械を生産している。日本はメカトロニクス（メカ＝機械とエレクトロニクス＝電機を掛け合わせた造語）に非常に長けている。世界をリードするメカトロニクス大国です。今こそ機械にＡＩを搭載する必要があるのです。

――サプライチェーンや生産の戦略について教えてください。台湾積体電路製造（ＴＳＭＣ）との良好な関係は周知の事実ですが、今後はサプライチェーンの拡大や多様化が必要だと感じていますか？

ファン氏：まず最初にＴＳＭＣは世界でトップクラスの企業です。技術は世界一で、（意思決定などの）スピードも驚異的です。我々のパートナーシップは強固で、互いの考えのほとんどを理解しています。

一方で、エヌビディアを含む全ての企業はできるかぎりの柔軟性（レジリエンス）を持つべきでしょう。柔軟性を高めるには多様化を図り、冗長性が必要になる。もちろん（生産だけでなく）開発する技術にも多様性と冗長性が必要です。多様性と冗長性には莫大な費用がかかりますが、できる限り努力すべきなのです。

（質問の意図である）日本での（半導体の）製造はもちろん非常によいアイデアです。半導体産業は世界で最も重要な産業の1つですから、日本もそのサプライチェーンや製造に参画すべきでしょう。日本は既に半導体製造装置では世界トップクラスです。製造についても、十分な能力を持っているに違いない。半導体業界全体において日本の参画が重要なのです。その時が来たら、検討するのはとても名誉なことです。

——日本への投資について、研究施設を置く可能性も示唆されました。日本企業との提携なども含めて聞かせてください。

ファン氏：エヌビディアは世界中のAI企業とパートナーシップを結んでいる世界で唯一の企業でしょう。我々は日本の企業が革命的なAIを活用できるようにパートナーシップを結ぶ手助けをしたいと考えています。ソフトウエア産業は日本ではあまり発達せず、ソフトウエアエンジニアも十分ではありません。しかし、今はリセットされて全く新しい状況なのです。巨大なソフトウエア産業を形成するには遅すぎますが、AIに関してはまだゼロからのスタートであり、ロボットに関しては重要な技術の半分を日本が保有しています。

ソフトウエアだけでロボット産業は形成できず、デジタルだけでなくフィジカル、つまり製造業が必要なのです。今は特別な時代です。AI革命であり、ロボット革命でもある。この分野で日本が世界をリードする存在となるよう、力を合わせたいと考えています。

エピローグ
――ハードウエアの復讐

米シリコンバレーの中心部にあるコンピューター歴史博物館は、その名の通りコンピューティングの栄枯盛衰を展示した貴重な記録庫である。博物館が入る建物自体、1990年代にコンピューターグラフィックスに旋風を巻き起こした米シリコングラフィックスがかつてオフィスとして利用していたものだ。米インテルが「x86」と呼ぶCPU（中央演算処理装置）を世に出したことでシリコングラフィックスの競争力は失われ、2009年に日本の民事再生法に相当する米連邦破産法第11条（チャプター11）を申請して破綻した。この博物館自体が、コンピューター業界の諸行無常を表しているようだ。

剝き出しの配線や無骨な木製の機械、巨大な磁気テープなど、ガラスケースの向こう側には、我々が今コンピューターと呼んでいるものとは様子の異なる筐体が並んでいる。

巨大な線表が描かれた壁面の前で足が止まる。タイトルは「革命」。コンピューティングの2000年史を線で追ったマップだ。その線は、溝に沿って玉を滑らせて計算する古代の道具である「アバカス」や、世界最古のアナログコンピューターと言われる歯車式の道具「アンティキティラ島の機械」から始まる。1800年代までは長らく機械式計算機の時代だった。

その後も計算機の進化は続く。1940年代に入り、世界で初めて実用化された汎用電子式コンピューターである「ENIAC」から、トランジスタや集積回路、メインフレーム、そして1970年代には米アップルの「アップル・ワン」をはじめとするPCが誕生する。ハードウエアの時代である。

黎明期のコンピューターは大型で高価であり、性能は物理的な構成要素である演算装置やメモリー、ストレージなどに依存していた。既にソフトウエアは存在していたが低いレベルの言語で書かれており、ソフトは特定のハード向けにカスタマイズして開発された。柔軟性が低く、異なるハードで動作させるのは難しかった。コンピューターの性能向上とは、すなわちハードウエアのアップグレードを指していた。

しかし1980年代に入ると、状況は少しずつ変化していく。計算機を意味するプロセッサーをマイクロチップに実装したマイクロプロセッサーが誕生し低価格のコンピューターが多数登場する。部品は規格化されて大量生産されるようになり、それらを制御するためのシステムが必要になった。「オペレーティングシステム（OS、基本ソフト）」の誕生だ。米マイクロソフトの「MS－DOS」や「ウィンドウズ」、アップルの「マッキントッシュ」が商業的に成功を収め、ハードウエアは徐々にソフトウエアに従属するようになる。

インターネットとPCの普及によって、この移行は加速度的に進んだ。マイクロソフトとアップルがPCのOS市場を支配し、イノベーションはソフトウエアが主導するようになった。クラウドコンピューティングとスマートフォンの登場で、ソフトウエアがハードウエアを制する構図は決定的になった。2011年、著名投資家でありシリコンバレーの理論的支柱の1人でもあるマーク・アンドリーセン氏は「ソフトウエアが世界を食い尽くす」と題したブログ記事で次のように主張した。かつてはハードウエアが重要だったテック業界は、ソフトウエア主導の事業モデルに完全に移行した。あらゆる業界がソフトウエアに飲み込まれてしまうだろう――。その予言の通り、SaaS（ソフトウエア・アズ・ア・サービス）が多くの既存サービスを駆逐していった。

ソフトウエア優位の理由は様々だが、筆者は以下の3つが主因だったと考えている。1

つはハードウエアのコモディティー化だ。製品が標準化されて互換性が高まり、低価格化することを指す。1981年に米IBMが「IBM PC」を発売。IBMが仕様を公開したため、その後、多数の合法的な互換機が登場、普及していった。互換機にはインテルのプロセッサーなどが広く採用され、ハードの仕様はほぼ統一化されていくことになる。

ハードの事実上の標準化によって、ソフトウエア開発者はプログラムを多くのコンピューターで動作させることが可能になった。IBMはOSとしてマイクロソフトの「PC－DOS（IBM版のMS－DOS）」を採用しており、IBMは互換機にMS－DOSの供給を許可した。互換機のOSはのちにウィンドウズへと進化する。インテルとマイクロソフトの製品はこうして強固な支持地盤を獲得していったのだった。

ハードウエアは差異化がしづらくなって価格競争に陥り、製品やサービスの付加価値はソフトウエアが決定するようになっていった。

2つ目は、ソフトウエアを中心とする生態系（エコシステム）が生まれたことだ。OSのようなプラットフォーム上に開発者と情報が集まり、利用者が多くなればなるほどサービスの価値が上がる「ネットワーク効果」が生まれ始めた。インターネットの普及で、それまでパッケージを小売店などで直接販売していた業態から、ネットを利用したダウンロード販売も可能になり、ソフトウエアの配布コストは劇的に下がった。

最後の3つ目は、プラットフォームのロックイン効果だ。ソフトウエアの開発者が特定のプラットフォーム上でアプリを開発すると、他のプラットフォームに移行するには時間とリソースが必要になる。結果として特定プラットフォームに縛られてしまう。SaaSの登場も、ソフトウエアの支配力をさらに強めた。

この3つの理由――コモディティー化、エコシステムの形成、プラットフォームロックインは、PCだけでなくスマートフォンにも当てはまる。ハードウエアは完全にソフトウエアに飲み込まれてしまった。


しかし、この情勢は再び変化の時を迎えている。背景はもちろん、これまで見てきたAI（人工知能）の台頭である。

本書で述べた通り、ディープラーニング黎明期に研究者は「AIに必要なのは良質で大量なデータ」だと考えていた。ただ2012年にトロント大学のジェフリー・ヒントン教授のチームが2台のGPU（画像処理半導体）で画像認識コンテストを制すると、にわかにコンピューターの重要性が見直されるようになった。2017年、グーグルの研究者が生成ＡＩの礎となった「トランスフォーマー」を発表すると、ＡＩモデルの大規模化はさらに進み、演算性能の重要性はさらに増した。同年、オープンＡＩ創業者のサム・アルトマン氏は「今ではデータではなくコンピューティングが重要になると考えている。最先端（のＡＩ）には膨大なコンピューティングリソース（計算資源）が必要だ」と述べている。ソフトウエアではなく高速なコンピューターというハードウエアに再び光が当てられたのだ。

ここで先の3つの理由を考えてみよう。1つ目のコモディティー化はどうだろうか。エヌビディアのＧＰＵの性能は今なお圧倒的で、低価格化から最も遠い場所にいる。同社はＧＰＵの世代を更新するごとにＧＰＵの単価を上げ続けている（演算性能当たりの価格は下がり続けていると同社は主張している）。

2つ目のエコシステムについて、本書で詳しく見てきた通り同社は20年間をかけてＧＰＵとＣＵＤＡの強固なエコシステムを確立してきた。ＧＰＵを利用したい開発者や研究者を抱え込んだハードウエアを中心とするエコシステムが、さらにＧＰＵの価値を高めている。２０２３年以降、「ハードウエアのネットワーク効果」とも呼べる現象が発生していると言ってもいい。

最後のロックインについては、AIが状況を変えつつある。「ソフトウエアのプラットフォームにロックインされていた理由は、人間がプログラムを書くのが遅かったからだ」。日本のあるAI研究者は筆者との雑談でこう話した。その趣旨はこうだ。コンピューター業界は60年間、ソフトウエアを支配するとその下のレイヤーであるハードも支配することになるという構図が続いてきた。PCやスマホはもちろん、専業メーカーによるオープンシステムの時代でさえ、米サン・マイクロシステムズのOS「ソラリス」の上に最も多くのアプリがあったので、スピードに難のあった同社のプロセッサー「SPARC」が使われた。そこでたくさんのアプリが開発されていることが、そのプラットフォームの価値そのものだった。革新的なハードウエアが現れたとしても、そのハード用にアプリを移行するには人間がプログラムを書き直す必要がある。人間がプログラムを書くのは遅いのでアプリはなかなか増えず、アプリがたくさんある既存のプラットフォームが引き続き選ばれる――。

AIの登場で、プログラムコードはAIが書く時代が訪れようとしている。米マッキンゼー・アンド・カンパニーは2024年6月にまとめたリポートで、AIがコード生成を自動化することでアプリ開発の効率が飛躍的に向上し、結果としてソフトウエアがコモディティー化すると予想している。ＡＩの登場で、今後はソフトウエアがコモディティー化するのだ。そうなれば、革新的なハードウエアが登場するとアプリ開発者はあっという間にプラットフォームを移動する。結果として、ハードウエア性能がプラットフォーム選択の決め手になる。時代は逆回転しようとしている。再びハードウエアがその主役になる可能性がある。

ＡＩの登場によって脚光を浴び続けるエヌビディアとＧＰＵ。それはコンピューターの歴史において、長い沈黙を経たハードウエアの「復讐」のようにも見える。

おわりに

「今までいろいろなジャーナリストを見てきましたが、エヌビディアがこうした密着取材を受けるのは初めてです。さて、今日は何の話から始めましょうか」

２０１７年春、米シリコンバレーのエヌビディア本社で、筆者はジェンスン・ファン最高経営責任者（ＣＥＯ）と向き合っていました。筆者は当時、日経ビジネスで自動車業界を担当する記者であり、半導体メーカーはカバー範囲外でした。それでも同社に密着した理由は、その年の1月に米ラスベガスで開かれたテクノロジー見本市「ＣＥＳ」での圧倒的な存在感でした。基調講演でファン氏は「２０２０年までに自動運転車を開発する」と豪語し、即席で設けたサーキットには無人の自動運転プロトタイプが走っていました。

その技術に度肝を抜かれた筆者は即座に米国本社での取材を希望し、その年の春にかけてファン氏や自動車向け事業を担当する副社長など、多数の幹部や現場を取材しました。エヌビディアはＣＥＳでの発表に続き、同年5月にはトヨタ自動車との提携を発表。自動運転時代の寵児として一躍、注目を集めることになりました。

私は当時、半導体世界シェアで10位以下だったエヌビディアをトヨタが頼った「謎のAI半導体メーカー」と呼びました。当時からグラフィックス・チップでは大手だった同社を「謎」と呼んだことで一部の読者からはお叱りを受けましたが、その記事の内容には自信がありました。たしかにエヌビディアは無名ではなかった。しかし、長らくゲーム用途を主要なビジネスとしていた同社が自動運転向け半導体でどんな戦略を描き、どうやって覇権を握ろうとしているのか、ベールに包まれていました。

ハードウエアとソフトウエアを統合して参入障壁を高くし、生態系（エコシステム）を重視して早くから仲間作りの手を打つ。その戦略の基本形は、2022年以降の生成AI（人工知能）需要を一手に引き受ける今も当時と変わっていません。

ChatGPTの登場以降、AIのトレーニングにエヌビディアのGPUは欠かせない半導体となり、2023年には争奪戦が発生しました。生成AIブームが始まってから2年以上が経った今も、同社は無双状態にあります。

自動運転にも生成AIにも、従来のコンピューターとは桁違いの演算性能が求められ、GPUが脚光を浴びました。エヌビディアは各業界のキープレーヤーと提携し、その渦の中心にいます。そして2025年1月、エヌビディアは再びトヨタと提携しました。私にはどうしても、２０１７年と２０２５年が重なります。
さすがに今は「謎の半導体メーカー」とは呼べません。さしずめ「トヨタが頼ったＡＩ最強企業」とでもするのでしょうが、それでは「順張り」すぎて記事の見出しとしては失格でしょう。

２０１０年代後半、技術的に未熟だったこともあり、自動運転はすぐに実用化には至りませんでした。ではＡＩの今後はどうでしょうか。やや過剰投資の懸念もあり、我々の生活を一変させるような革新的な製品がすぐに生まれるかどうかは不透明です。トランプ政権下の政策が半導体サプライチェーンにどのように影響を与えるかも注視しなければなりません。激変する時代の奔流の中でシリコンバレーという最前線に身を置き、取材できる機会に恵まれたことを感謝し、ＡＩの覇者たちによる栄枯の物語をこれからも綴り続けたいと思います。

島津 翔

【著者略歴】
島津 翔（しまづ しょう）
日経BPシリコンバレー支局記者

日経BP入社後、建設系専門誌記者、日経ビジネス記者、日経クロステック副編集長などを経て2022年10月から現職。AI、クラウド、半導体などを担当し、シリコンバレーで生成AIの最先端を取材中。単著に『生成AI 真の勝者』（日経BP）『さよならオフィス』（日本経済新聞出版）、共著に『ChatGPTエフェクト』『アフターコロナ』（いずれも日経BP）などがある。

NVIDIA《エヌビディア》大解剖
AI最強企業の型破り経営と次なる100兆円市場

2025年3月24日　第1版第1刷発行

著　者　島津 翔
発行者　松井 健
発　行　株式会社日経BP
発　売　株式会社日経BPマーケティング
〒105-8308　東京都港区虎ノ門4-3-12
装　丁　小口翔平＋畑中茜（tobufune）
編　集　竹内靖朗
ＤＴＰ　isshiki
印刷・製本　大日本印刷株式会社

ISBN 978-4-296-20788-6

本書籍に関するお問い合わせ、ご連絡は下記にて承ります。
https://nkbp.jp/booksQA